Matemáticas

Tercer trimestre 3

Situaciones de aprendizaje

Índice

21

En esta situación vas a aprender...

- A conocer la división y sus términos.
- A hacer divisiones exactas y enteras
- A entender la división como operación inversa de la multiplicación.

¿Qué acuerdos podemos tomar para mejorar la convivencia?

Conocemos la división y sus términos

1 Para mejorar la convivencia debemos ser capaces de repartir bien los materiales. Si nos tenemos que repartir 12 lápices de colores entre los 4...

- ¿A cuántos tocamos para tener el mismo número de lápices?
- Agrupa los lápices de todas las maneras posibles teniendo en cuenta que en cada grupo tiene que haber el mismo número.

Para encontrar la respuesta habéis realizado una división.

Dividir es repartir en partes iguales una cantidad inicial. Los términos de la división son el **dividendo,** el **divisor,** el **cociente** y el **resto.**

NUMERACIÓN: La división como reparto. Términos de la división

2 La clase de tercero va de excursión. Son 24 alumnos y 6 padres se han ofrecido voluntarios para acompañarlos con su vehículo.

- ¿Cuántos alumnos irán en cada vehículo?

— Resolved las operaciones y contestad a las preguntas:

24 : 6 = o bien 24 |6
0

- El **dividendo** es la cantidad que hay que repartir. En el ejemplo. ¿Qué número es?
- El **divisor** es el número de partes en las que hay que repartir la cantidad. ¿Qué número es en el ejemplo?
- El **cociente** es la cantidad que toca a cada parte, es decir, el resultado. ¿Cuál es el resultado del ejemplo?
- El **resto** es la cantidad que sobra. ¿Cuál es el resto en el ejemplo?

3 Observad los ejemplos y completad una tabla como esta:

DIVISIÓN	DIVIDENDO	DIVISOR	COCIENTE	RESIDUO
24 | 6 → 4, 0/	24	6	4	0
33 | 4 → 8, 1/				
11 | 3 → 3, 2/				
57 | 9 → 6, 3/				

Realizamos divisiones exactas

4 Berta propone que guarden el material en las taquillas.

Al grupo le corresponden 4 taquillas. Tenemos que guardar 24 libretas, que utilizaremos durante el curso. ¿Cuántas libretas guardaremos en cada taquilla?
Plantea y resuelve la división.

- ¿Nos sobrará alguna? ¿Todos tendrán la misma cantidad?

— Prueba ahora a repartir los objetos siguientes en las 4 taquillas.

A 16 bolígrafos azules B 8 bolígrafos rojos C 4 gomas de borrar

Una división es exacta cuando el resto es 0, es decir, cuando después de repartir los elementos no sobra ninguno.

NUMERACIÓN: La división exacta

5 Resuelve estas divisiones exactas:

42 : 6 = ✱ 30 : 5 = ✱ 24 : 2 = ✱ 28 : 7 = ✱

REALIZAMOS DIVISIONES ENTERAS

6 ¿Cómo repartiríamos estos objetos en las cuatro taquillas?

a. 5 grapadoras **b.** 10 cartulinas

c. 19 clips **d.** 26 hojas de pegatinas

- ¿Qué ha pasado en estos casos?
- ¿Qué proponéis hacer con los objetos que sobran?

Una división es entera cuando el resto de la división es diferente de 0, es decir, cuando después de repartir los elementos sobran algunos.

NUMERACIÓN: La división entera

7 Resolved, siguiendo el modelo, estas otras divisiones enteras:

47 : 6 =

```
 47 |6
-42  7
  5/
```

33 : 5 =

26 : 7 =

17 : 2 =

51 : 4 =

— Rodead con colores diferentes los dividendos, los divisores, los cocientes y los restos.

8 Resuelve las siguientes divisiones y señala si son enteras o exactas.

19 : 2 = 28 : 5 = 26 : 7 =

30 : 5 = 55 : 6 = 48 : 8 =

— Nombra los términos de las divisiones del ejercicio.

Interpretamos la división como operación inversa de la multiplicación

9 Volved a reunir y compartir los 32 rotuladores para pintar un dibujo. ¿Qué operación hay que hacer?

> Recordad que en la actividad número 4 se ha dividido 32 entre 4 para saber que había que guardar 8 rotuladores en cada taquilla.
>
> La división y la multiplicación son operaciones inversas.
>
> Si lo habéis hecho bien, habréis multiplicado los 8 rotuladores de cada taquilla por el número de taquillas, es decir, 4 : 8 × 4 = 32.

NUMERACIÓN: Relación entre la división y la multiplicación

— Agrupad los bolígrafos y las gomas con el mismo tipo de operación:

16 bolígrafos azules : 4 taquillas = 4 bolígrafos azules por taquilla

4 bolígrafos azules por taquilla × ✳ taquillas = ✳ bolígrafos azules

8 bolígrafos rojos : 4 taquillas = ✳ bolígrafos rojos por taquilla

✳ bolígrafos rojos por taquilla × ✳ taquillas = ✳ bolígrafos rojos

4 gomas de borrar : 4 taquillas = ✳ goma de borrar por cada taquilla

✳ goma de borrar por taquilla × ✳ taquillas = ✳ gomas de borrar

10 Completad estas operaciones:

7 × ✳ = 21 y 21 : 7 = ✳

9 × ✳ = 72 y 72 : 9 = ✳

2 × ✳ = 16 y 16 : 2 = ✳

4 × ✳ = 36 y 36 : 4 = ✳

5 × ✳ = 35 y 35 : 5 = ✳

8 × ✳ = 56 y 56 : 8 = ✳

Conecta

11 Repartir bien los materiales es una buena manera de favorecer la convivencia. Queréis celebrar que todos habéis hablado y habéis acordado unas normas de convivencia. En clase sois 23 niños y niñas, más la maestra. ¿Necesitaréis las matemáticas para mejorar la convivencia?

Cuatro alumnos han sido encargados, respectivamente, de las bebidas, las patatas, los vasos de cristal y las copias de las normas acordadas para compartirlas con el resto del colegio.

- ¿Qué tendrá que comprar o fotocopiar cada uno de los del grupo?

a. Dani tiene que comprar los refrescos. Sabe que con una botella de 2 litros podrá llenar 8 vasos. ¿Cuántas botellas tendrá que comprar para que cada alumno y la maestra tengan un vaso de refresco?

b. Sara se encarga de las patatas. Calcula que necesita 1 bolsa por cada 6 compañeros. ¿Cuántas bolsas tendrá que comprar?

c. Berta tiene que colocar los vasos de cristal en bandejas. Sabe que en cada bandeja caben 10. ¿Cuántas bandejas necesitará?

d. Teo tiene que ir a secretaría a hacer 12 copias por alumno para poder repartilas. ¿Cuántas fotocopias tiene que hacer?

En acción. ¡Pon en juego las competencias!

¿Qué sé de las divisiones?

Para acabar, reflexiona

- **¿Habéis utilizado las matemáticas en alguna de vuestras normas de convivencia? ¿Cómo?**
- **¿Cómo os habéis sentido al hacerlo?**

22

En esta situación vas a aprender...

- A elaborar las preguntas que completan el enunciado de un problema a partir de la observación de su resolución.
- A encontrar diferentes preguntas en un solo enunciado.
- A resolver problemas utilizando la división.

¿Cómo hacemos matemáticas en el huerto del colegio?

A Sara y a Teo les encanta cuidar del huerto de la escuela. ¿Y a vosotros? ¿Tenéis huerto en la escuela o en casa? Los huertos son un buen entorno para poner a prueba vuestras habilidades matemáticas. ¿Lo probamos?

Completamos el enunciado de un problema

1 ¿Qué falta en este enunciado?

Una vez por semana Sara trabaja en el huerto de la escuela. Hace mes y medio que plantó, en 4 surcos, 5 tomateras por surco y, en 6 surcos, 7 judías por surco.

Teo empezó un poco más tarde, hace solo un mes, y plantó, en 8 surcos, 6 lechugas por surco y, en 3 surcos, 8 acelgas por surco.

- ¿Qué falta en el enunciado?

— Observad su resolución:

Plantas de Sara:	Tomateras: 4 × 5 = 20 tomateras.		
	Judías: 6 × 7 = 42 judías.		
Plantas de Teo:	Lechugas: 8 × 6 = 48 lechugas.		
	Acelgas: 3 × 8 = 24 acelgas.		
Cálculos finales:	48 + 24 = 72	20 + 42 = 62	72 − 62 = 10
Respuesta:	10 plantas.		

- ¿Qué pregunta falta en el enunciado del problema?

— ¿Te ha costado mucho encontrar la pregunta? ¿Es igual que la de tus compañeros?

2 Leed el enunciado de este segundo problema y responded:

Sara y Teo son los dos encargados del huerto. Tienen que comprar las semillas y los abonos y pagar el agua que consumen.

Por ello, la escuela les da 24 € para los dos y el ayuntamiento, 18 € más.

- ¿Qué puede pedir este problema?
- ¿Cuáles de las siguientes operaciones son útiles para resolverlo? Anotadlas en vuestro cuaderno:

24 : 2 = 12	24 + 18 = 42	18 : 2 = 9
12 + 9 = 21	42 : 2 = 21	24 + 9 = 33

— Explicad cómo habéis resuelto el problema y cuál es la solución.

- Tras repasar las operaciones, ¿se os ocurre alguna pregunta diferente de la primera que habéis pensado?
- Comentadlas con vuestros compañeros y compañeras. ¿Cuántas preguntas distintas se os han ocurrido?

3 **¿Cuáles de los siguientes pasos deberán seguir Sara y Teo desde que compran la semilla hasta que cosechan el fruto?**

- Localizad y después copiad en el orden correcto los pasos que hay que seguir.

SEMBRAR | LABRAR

REGAR | COSECHAR

ABONAR | PINTAR

ARRANCAR MALAS HIERBAS

Resolvemos problemas mediante la división y la multiplicación

4 Sara tiene 36 semillas de espinacas para plantar y solo le quedan 3 surcos vacíos. Teo tiene 25 semillas de calabacín y solo 5 surcos ¿Cuántas semillas deberán plantar en cada surco?

- ¿Cuántas preguntas hay en el enunciado? ¿Y cuántas respuestas tendréis que dar?

— Plantea las operaciones y escribe las respuestas.

¡EH!, TANTO SARA COMO TEO QUIEREN QUE EN CADA UNO DE SUS SURCOS HAYA EL MISMO NÚMERO DE SEMILLAS.

Sara ha encontrado un paquete con 10 semillas más. ¿Cuántas tendrá que plantar en cada surco para que haya el mismo número de espinacas en todos?

5 Como en el huerto hay mucho trabajo, 12 compañeros se ofrecen para ayudar a Sara y a Teo un día a la semana de lunes a jueves. ¿Cuántos compañeros irán al huerto cada día?

- ¿Cuántos días trabajarán el huerto cada semana?
- ¿Cuántos compañeros se ofrecen voluntarios?
- ¿Qué operación hay que realizar para saber cuántos compañeros irán al huerto cada día?
- Si dos compañeros más quieren ayudar en el huerto, ¿cuántos compañeros son ahora?
- ¿Pueden asignar el mismo número de compañeros cada día? ¿Por qué?

6 ¿Y el año que viene? ¡Empecemos a organizarnos!

El curso termina y deben planificar la plantación del próximo año. En el huerto habrá 12 surcos y plantarán 5 tomateras, 7 judías, 6 lechugas y 8 acelgas en cada uno.

- ¿Cuántas semillas de cada planta habrán de tener preparadas al inicio del próximo curso?
- Para realizar el cálculo, ¿habéis multiplicado o habéis dividido?

— Dibujad el huerto con los surcos y el espacio para cada semilla.

- Explicad qué habéis tenido en cuenta a la hora de hacer el dibujo.
- ¿Os ha costado hacerlo?
- ¿Habéis tenido que hacer alguna operación antes de dibujarlo? ¿Por qué?

— Escribid las operaciones que habéis realizado para encontrar los resultados correctos.

— Por, último, explicad, con la ayuda del maestro o la maestra, por qué la división y la multiplicación son operaciones inversas.

7 ¡Un último problema!

Como el huerto está funcionando muy bien, les han propuesto que para el próximo curso siembren también hierbas aromáticas.

Si tienen 3 surcos más y 5 albahacas, 7 romeros y 9 tomillos para sembrar, ¿cuántas plantas tendrán que poner en cada surco?

Conecta

8 Hacemos más matemáticas relacionadas con el huerto:

Supón que en una clase tienen que montar un huerto como el de la clase de Sara y Teo. Han decidido hacer grupos de trabajo para llevar a cabo las diferentes actividades.

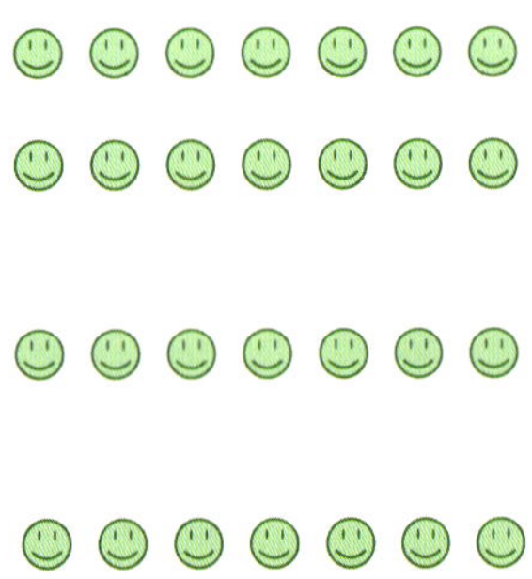

En la clase hay 28 alumnos:

a. Grupos de 7 alumnos para arrancar las malas hierbas del huerto.

b. Grupos de 5 para instalar un riego automático en el huerto.

c. Grupos de 4 para organizar una visita a un huerto mayor.

d. Parejas para preparar un taller de plástica sobre el huerto.

— Realiza las divisiones para ver cuántos grupos podrán formar, como en el ejemplo. Di en cada caso si todos los grupos son iguales (división exacta) o si sobran o faltan alumnos (división entera):

28 : 4 = 7 (división exacta)

— Inventa otra pregunta para el enunciado del problema.

9 ¿Qué matemáticas se pueden hacer trabajando en el huerto de la escuela?

En acción. ¡Pon en juego las competencias!

¿Qué sé sobre la resolución de problemas?

Para acabar, reflexiona

- **¿Te ves capaz de repartir cosas o tareas? ¿Cómo lo harías?**
- **¿Qué has aprendido de tus compañeros?**

Dani, Sara, Berta y Teo han ido a ver la película ***Charlie y la fábrica de chocolate.*** ¡Les ha gustado mucho! Charlie es un chico que, acompañado por su abuelo, entra en la fábrica de chocolate del famoso Willy Wonka. Allí descubre muchas formas diferentes de preparar chocolate... ¡y de comerlo!

23

En esta situación vas a aprender...

- A reconocer los cuerpos geométricos con volumen: prismas, pirámides, cilindros, conos y esferas.
- A identificar estos cuerpos geométricos en la vida cotidiana.

¿Cuántas formas diferentes puede tener el chocolate?

Los prismas, las pirámides, los cilindros, los conos y las esferas son cuerpos geométricos: tienen una base, donde se apoyan, y caras laterales, que pueden ser llanas o curvas.

Reconocemos prismas y pirámides

1 Dani recuerda las escenas iniciales en las que Charlie entra en la fábrica después de ganar el billete de entrada:

Charlie, una vez en la fábrica, ve muchos objetos de chocolate de formas y tamaños diferentes. Para describir la forma que tienen estos objetos, podemos utilizar los cuerpos geométricos.

Observa el prisma de pastel de chocolate y la pirámide de *mousse* de chocolate y responde:

PRISMA

PIRÁMIDE

- ¿Cuántas bases tiene el prisma? ¿Y la pirámide?
- ¿Cuántas caras laterales tiene el prisma? ¿Y la pirámide? ¿Son llanas o curvas?
- ¿Qué forma tiene la base del prisma, cuadrada, rectangular o triangular? ¿Y la de la pirámide?
- Dibuja un prisma como el del pastel y una pirámide como la de la *mousse*, pero ambos con una base triangular.
- Ahora dibuja dos objetos: uno con forma de prisma y otro con forma de pirámide. ¿Te ha costado identificar estas formas en objetos de tu entorno?

GEOMETRÍA: Cuerpos geométricos

2 En la segunda sala de la fábrica, Charlie pregunta a su abuelo por las pastillas triangulares y cuadradas de chocolate, como estas:

- ¿En qué se parecen y en qué se diferencian estos dos cuerpos?
- ¿Cuántas bases tienen? ¿Y qué forma tienen?
- ¿Cuántas caras laterales tienen? ¿Y qué forma tienen?

3 Realizad una lista de objetos de vuestro entorno que tengan forma de prisma:

- ¿Qué tienen en común todos los prismas que has puesto en tu lista? ¿En qué se diferencian?
- ¿Qué objeto con forma de prisma es el que utilizas más a menudo? Compara tu respuesta con las de tus compañeros.

4 ¿Cuáles de estos objetos son prismas? Anótalos en tu cuaderno.

Reconocemos cuerpos geométricos: cilindro, cono y esfera

5 En el jardín de los surtidores, Charlie ve más formas que puede tener el chocolate:

— Estas nuevas formas son el cilindro, la esfera y el cono. Copiadlas emparejadas:

a. Pastelito de chocolate	**1.** Cono
b. Trufas	**2.** Esfera
c. Helado	**3.** Cilindro

- ¿Cuántas bases tiene un cilindro? ¿Y un cono? ¿Y una esfera? Las caras laterales, ¿son planas o curvas? Copiad y completad la tabla:

Objeto	Número de bases	Cara lateral
Cilindro		Plana / o curva
Cono		Plana / o curva
Esfera		Plana / o curva

— Observa el cono y el cilindro. ¿En qué se parecen y en qué se diferencian? Escríbelo en dos columnas separadas:

SEMEJANZAS	DIFERENCIAS

Identificamos más cuerpos geométricos en la vida cotidiana

6 Buscad y dibujad objetos que correspondan a la descripción de los cuerpos geométricos siguientes:

a. Un cuerpo totalmente redondo, sin ninguna base.

Objetos reales **Dibujo**

b. Un cuerpo con una sola base y una cara lateral curva.

Objetos reales **Dibujo**

c. Un cuerpo con dos bases cuadradas y las caras laterales rectangulares.

Objetos reales **Dibujo**

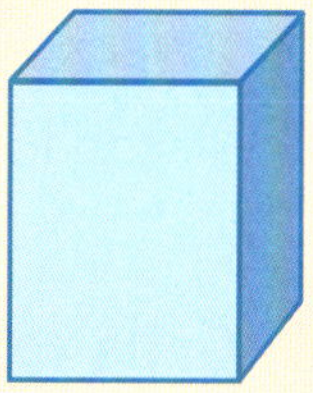

d. Un cuerpo con dos bases y la cara lateral curva.

Objetos reales **Dibujo**

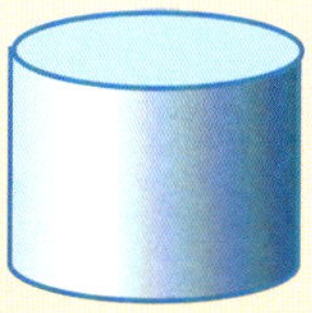

- Elaborad una tabla señalando el número de cada uno de los elementos de los cuerpos geométricos que habéis dibujado (caras, bases, aristas y vértices).
- ¿Os ha costado mucho encontrar objetos de la vida cotidiana con estas formas? ¿Y dibujarlos?

Conecta

7 Ahora que ya has aprendido mucho sobre los cuerpos geométricos, ¿podrías contestar a la pregunta inicial «Cuántas formas diferentes puede tener el chocolate»?

8 Ahora que ya has aprendido mucho sobre las formas geométricas, ¿podrías responder a la pregunta inicial «¿Cuántas formas diferentes puede tener el chocolate»?

a. Dibujadla y no la mostréis a vuestro compañero o compañera.

b. El compañero o compañera tendrá que adivinar el objeto solo haciendo preguntas sobre las características trabajadas, la textura y el color.

c. Gana quien lo adivine haciendo menos preguntas.

9 Dibuja un prisma con 6 caras cuadradas iguales. ¿Qué forma tiene? ¿Cómo se llama?

— ¿Conoces algún objeto que tenga esta forma?

- Intenta construir uno con tus manos utilizando plastelina.
- Inventa tres situaciones en las que podrías utilizar un prisma con forma de cubo y coméntalas con tus compañeros.

10 Cada vez construyen más edificios que tienen formas muy diversas. Buscad por Internet edificios famosos con las formas trabajadas.

En acción. ¡Pon en juego las competencias!

¿Qué sé sobre cuerpos geométricos?

Para acabar, reflexiona

- **¿Reconoces todas las formas estudiadas? ¿Hay alguna que te sea más difícil de identificar?**
- **¿En qué situaciones te puede ser útil reconocer los cuerpos geométricos?**

24

En esta situación vas a aprender...

- A reconocer la fracción como parte de una unidad.
- A diferenciar el numerador y el denominador de una fracción.
- A comparar, ordenar y representar gráficamente fracciones.

¿Qué tiene que ver la cocina con las fracciones?

Reconocemos la fracción como parte de una unidad

1 Dani explica que para cocinar *ratatouille*, este plato tan famoso de la cocina francesa, hay que cortar las verduras y poner la cantidad exacta en la cazuela.

- Cortamos la zanahoria en 5 partes iguales y ponemos 2 partes en la cazuela. ¿Qué fracción de la zanahoria hemos puesto?
  Escribe la fracción resultante:

  $\frac{\ast}{\ast}$ Partes que ponemos en la cazuela / Partes totales que hemos cortado

- Después, de los 3 calabacines que tenemos, utilizamos el más gordo. ¿Qué fracción de los calabacines hemos usado?

  $\frac{\ast}{\ast}$ El calabacín más gordo / Los 3 calabacines que tenemos

Cuando se divide algo en partes iguales, las partes resultantes se pueden expresar mediante una fracción. Las fracciones también se pueden emplear para indicar cuál es la parte de los elementos de un grupo que cumplen una condición.

NUMERACIÓN: La fracción como «parte de»

2 ¿Qué fracción podéis escribir a partir de cada paso de la receta?

Pasos de la receta
Parte un puerro en 8 partes y pon 3 en la cazuela.
De los 5 pimientos, pon 3 rojos en la cazuela.
De las 4 cebollas, corta 3 para poner en la cazuela.
Parte la berenjena en 4 partes y pon 1 en la cazuela.

El **denominador** de una fracción indica cuántas partes se hacen de la unidad o cuántas unidades totales se tienen.

El **numerador** indica cuántas partes se toman o cuántas unidades se han elegido o quedan.

Identificamos los términos de una fracción

3 *Ratatouille* es un maestro organizando la cocina. Por la mañana tenía 2 botellas de aceite, 3 paquetes de azúcar y 4 botellas de leche. Al mediodía solo quedan 1 botella de aceite, 1 paquete de azúcar y 1 botella de leche.

- ¿Cuáles son las fracciones de lo que ha gastado?

Numerador :
¿Cuántas hay al mediodía?

Denominador:
¿Cuántas había por la mañana?

—— de aceite, —— de azúcar, —— de leche

- ¿Qué le queda al mediodía? Represéntalo con figuras como las siguientes:
  - La mitad o un medio de ___ .
  - Un tercio o una tercera parte de ___ .
  - Un cuarto o una cuarta parte de ___ .

- ¿Cuál de las tres fracciones es la mayor? ¿Y la más pequeña? ¿Por qué?

— Representa con otras figuras las fracciones de la actividad anterior y escribe cómo se leerían.

¿Os habéis fijado? observad la superficie del área del círculo que representa cada fracción: el área mayor es la fracción mayor, y viceversa.

NUMERACIÓN: Representación de fracciones. Lectura y escritura de fracciones

4 ¡Haz como en *Ratatouille*! Observa el dibujo e indica cuántos trozos de queso son 1/2 del total:

- ¿Cuántos trozos de queso son 1/3?
- ¿Cuántos trozos de queso son 1/4?
- ¿Cuántas partes hay que hacer del total de los quesos en cada caso?

1/2 1/3 1/4

Representamos gráficamente una fracción

5 Observa las botellas y responde a las preguntas:

- ¿Cuántas botellas de aceite tenemos?
- ¿Cuántas botellas de leche hay?
- ¿Qué fracción representan, del total, las botellas de aceite?

- Dibuja una figura que muestre la fracción que representa las botellas de aceite. ¿En cuántas partes está dividida la figura? ¿Cuántas partes has pintado?

6 Inventa un enunciado que sea válido para la siguiente fracción y represéntala mediante un dibujo: 6/9.

- ¿Has necesitado ayuda para inventar el enunciado?
- ¿Qué te ha costado más, representar la fracción o inventar el enunciado? ¿Por qué?

7 Representa la fracción de los alimentos siguientes siguiendo el modelo. Dibuja las separaciones para poder representar la fracción:

- Las manzanas rojas.

Fracción: $\frac{\otimes}{\otimes}$ Representación gráfica:

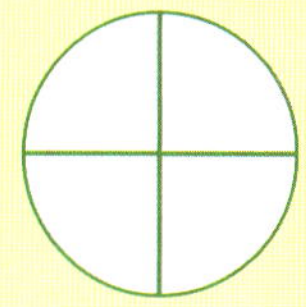

- Los yogures de frutas.

Fracción: $\frac{\otimes}{\otimes}$ Representación gráfica:

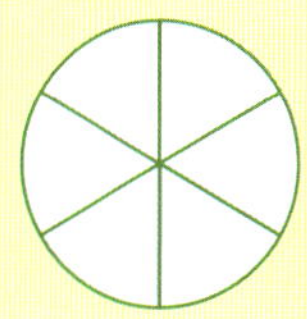

Comparamos fracciones

8 Representa estas tres fracciones de *pizza* y contesta:

$$\frac{3}{4} \qquad \frac{2}{4} \qquad \frac{1}{4}$$

- ¿Qué fracción es mayor, 3/4, 2/4 o 1/4?
- ¿Qué fracción es mayor, 4/5 o 2/5?

Para poder comparar dos o más fracciones, las partes que se comparan tienen que ser iguales. Para comparar u ordenar dos o más fracciones, es necesario que tengan el mismo denominador.

NUMERACIÓN: Comparación de fracciones

Conecta

9 ¿Qué relación dirías que tiene la cocina con las fracciones? ¿Para qué nos sirven las fracciones cuando cocinamos?

10 Ahora sí que tienes que hilar muy fino. Si no encuentras la fracción exacta, no podrás hacer la macedonia de frutas que propone *Ratatouille:*

Ingredientes: 5 naranjas + 3 kiwis + 4 mangos + 2 plátanos + 1 melocotón

- ¿Cuántas frutas suman en total?
- ¿Cuál es la fracción de cada fruta?

Naranjas:	⊗	Plátanos:	⊗
Kiwis:	⊗		⊗
Mangos:	⊗	Melocotón:	

- Ordena las fracciones de la más pequeña a la más grande:

⊗ < ⊗ < ⊗ < ⊗ < ⊗

- ¿Te ha costado ordenar las fracciones? ¿Por qué?
- Si puedes elegir entre comer 1/2, 1/3, 1/4, 2/3 o 2/4 de un queso, ¿qué fracción escoges para comer más cantidad? Hablad entre todos y justificad las respuestas.

En acción. ¡Pon en juego las competencias!

¿Qué sé hacer con fraciones?

Para acabar, reflexiona

- **¿Puedes relacionar fácilmente la representación gráfica de una fracción con una división? Pon algún ejemplo.**

25

En esta situación vas a aprender...

- A utilizar la balanza.
- Las equivalencias entre el kilogramo y sus fracciones.
- A seleccionar las unidades de masa más adecuadas.
- A estimar y comparar pesos.

¿Cómo saber el peso sin pesar?

Para conocer la masa de un objeto, se pesa con la balanza. El resultado se expresa en **kilogramos (kg)** y en **gramos (g)**.

1 kg = 1000 g

MEDIDA: Kilogramo y gramo

Estimamos y comparamos pesos

1 Este concurso consiste en acertar el peso exacto o aproximado de varios elementos. ¡Entrenaos relacionando!

- ¿Cuáles de estos elementos pesan más o menos de 1 kg?

MÁS DE 1 kg | MENOS DE 1 kg

- ¿Qué unidad de masa utilizarías, el kilogramo (kg) o el gramo (g), para expresar la masa de los elementos siguientes?

kg | g

MEDIDA: Estimación de medidas

2 1.ª prueba del concurso: ¿Qué puede pesar 50 kg y qué puede pesar 50 g?

- Escoge entre las siguientes imágenes:

Realizamos equivalencias entre el kilogramo y sus fracciones

3 2.ª prueba del concurso: ¿Cuántos gramos suman los pastelitos de las tres bandejas juntas?

Un cuarto de kilo
250 g = 1/4 kg

Medio kilo
500 g = 1/2 kg

Tres cuartos de kilo
750 g = 3/4 kg

Para expresar un mismo peso, podemos utilizar las unidades de medida (kilogramo o gramo) o referirnos a partes de la unidad (medio y cuarto).

MEDIDA: Otras medidas de masa

— Completad en vuestro cuaderno:

- 1 kilo = 1.000 g = 500 g + ✳ g
- 1 cuarto de kilo = ✳ g = 100 g + ✳ g
- medio kilo = ✳ g = 250 g + ✳ g
- 3 cuartos de kilo = ✳ g = 500 g + ✳ g

4 Completa con pesos de medio kilo y de un cuarto de kilo:

- 2 kg = medio kilo + medio kilo + medio kilo + ✳
- 3 kg = medio kilo × ✳
- 1/2 kilo = un cuarto de kilo + ✳
- 5 kg = ✳ × 10
- 750 g = un cuarto de kilo + ✳
- 500 g = un cuarto de kilo × ✳

Utilizamos la balanza

5 3.ª prueba del concurso: Fijaos en la balanza de la imagen. Está en equilibrio, es decir, lo que contienen los dos platillos pesa lo mismo.

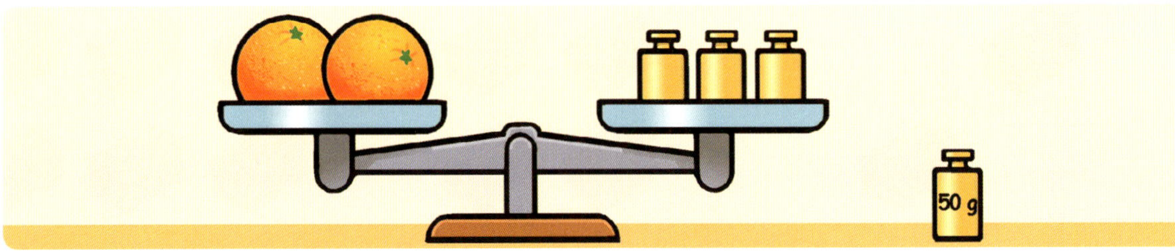

- ¿Cuánto pesan las dos naranjas? Escoged la respuesta correcta:

50 g	100 g	150 g	200 g	250 g	300 g

- ¿Cuánto pesa cada naranja si ambas son exactamente iguales?

150 g	125 g	100 g	75 g	50 g	25 g

6 4.ª prueba del concurso: Calculad, en cada caso, cuál es el resultado de la pesada:

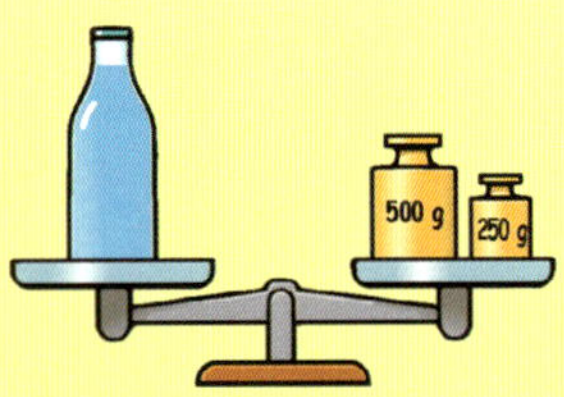

La botella de agua tiene una masa de * g.

La botella de zumo de manzana tiene una masa de * kg.

El queso tiene una masa de * g o de * kg.

Cada *croissant* tiene una masa de * g.

Seleccionamos la unidad de masa más adecuada

7 5.ª prueba del concurso: Equilibrad la masa de cada objeto con la combinación de pesos de 1 kg, 500 g, 250 g, 100 g, 10 g y 1 g. Indicad qué pesos utilizaríais en cada caso.

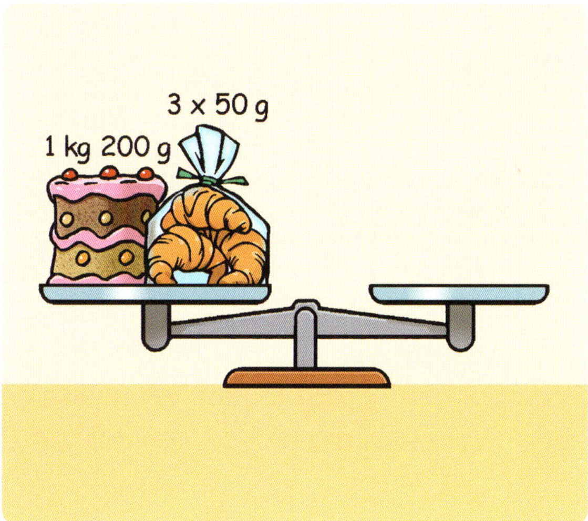

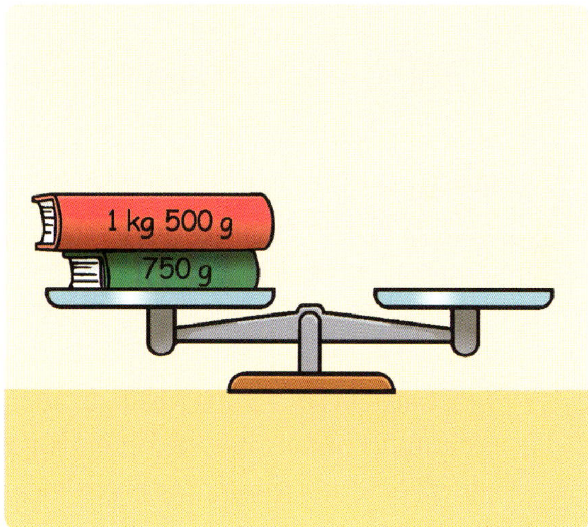

8 6.ª prueba del concurso:

- ¿Cuántos cuartos de kilo hay en...?

5 kg = ___ cuartos de kilo

3 kg y 1/2 = ___ cuartos de kilo

12 kg = ___ cuartos de kilo

10 kg y 1/4 = ___ cuartos de kilo

- ¿Cuántos tres cuartos de kilo hay en...?

1 kg y 1/2 = ___ tres cuartos de kilo

3 kg = ___ tres cuartos de kilo

Conecta

9 ¡Intentad conseguir el bote final! Hallad la masa de la pera, la manzana y el melón a partir de los datos que tenéis a continuación:

Masa de la pera: ✳ g Masa de la manzana: ✳ g Masa del melón: ✳ g

- ¿Qué operaciones habéis realizado?

10 Y ahora, ¿crees que se puede saber el peso sin pesar? ¿Cómo lo puedes conseguir?

- ¿Será un valor exacto o aproximado?

11 Hablad con las compañeras y los compañeros de las diferencias que hay entre una balanza como las anteriores y una balanza electrónica.

— Pensad en la fiabilidad o en la precisión de los resultados.

¿Habéis hecho alguna vez la prueba de comprar pan y pesarlo para ver si pesa exactamente lo que os han dicho en la panadería? Realizad varias pruebas en casa y, después, comentad los resultados entre todos.

En acción. ¡Pon en juego las competencias!

¿Qué sé de las unidades de masa?

Para acabar, reflexiona

- **¿Crees que es importante pesar bien los ingredientes cuando preparas una receta de cocina? ¿Por qué?**

26

En esta situación vas a aprender...

- A dividir con dividendos de más de una cifra.
- A realizar la prueba de la división.
- A interpretar las unidades de capacidad: el litro y sus fracciones.
- Equivalencias entre el litro y sus fracciones.

¿Cómo se organiza un correfuegos?

¿Qué sabéis de la vestimenta?
¿Y de la mecha y de los petardos?

Se acercan las fiestas del barrio y Berta participará en un correfuegos. A pesar de tener ocho años, ¡ya es una diablesa experta! Pero debe tener mucho cuidado con el material pirotécnico que lleva en el zurrón.

Dividimos con dividendos de más de una cifra

1 Por la tarde, Berta participa en el correfuegos infantil. Si se reparten 75 petardos entre los 3 grupos que participarán, ¿cuántos petardos les tocan a cada grupo?

Intentad realizar los pasos poco a poco.

- Plantea la división y separa la primera cifra del dividendo:
- Después, busca mentalmente un número de la tabla del 3 que dé 7 o que se aproxime al máximo: 3 × ✳ = 7 o cerca de 7.
- El valor que más se aproxima es ✳ : 3 × ✳ = 6.
- Como 7 – 6 es igual a ✳, escribe esta cifra que falta para llegar al 7 abajo, es decir, debajo de la primera cifra del dividendo.
- Baja la cifra siguiente del dividendo al lado y te quedará el número ✳.
- Vuelve a buscar un número de la tabla del 3 que dé este nuevo número: 3 × ✳ = 15.
- Como el valor es exacto, el residuo será 0.
- El cociente obtenido es ✳.

NUMERACIÓN: Dividendo de dos cifras

2 Seguid los pasos anteriores y resolved las siguientes divisiones:

90 | 6　　76 | 2　　33 | 3　　81 | 3

3 ¿Podríais inventar el enunciado de un problema que se resuelva con una división con dos cifras en el dividendo?

4 Por la noche, los cuatro grupos que participan en el correfuegos se reparten 197 petardos. ¿Cuántos petardos les tocan a cada grupo?

Os ayudará plantear la división paso a paso.

- Primero, separad la primera cifra del dividendo: 1. Al ser más pequeña que 4, separad también la segunda: 19.
- Buscad un valor para que 4 × ✳ = 19 o que se aproxime al máximo. En este caso será 4 × ✳ = 16. De 16 a 19 van ✳ . Escribidlo debajo del 19.
- A continuación, bajad el valor siguiente del dividendo: el 7.
- Si lo hacéis bien, tendréis el 37 debajo del dividendo. Ahora buscad un número que multiplicado por 4 dé 37 o que se aproxime. En este caso, 4 × ✳ = 36, y hasta 37 va 1.

- ¿Cuál es el resultado o cociente?
- ¿Cuál es el residuo de la división?
- ¿En qué se diferencia esta división de la del correfuegos de la tarde?

Resolved, paso a paso, las divisiones siguientes:

746 | 9   489 | 6   368 | 7   245 | 5

6 Inventa una división con más de dos cifras en el dividendo. Cambiaos las divisiones con los compañeros de la clase y resolvedlas.

- ¿Os ha resultado difícil? ¿Por qué?

Realizamos la prueba de la división

7 Después del correfuegos de la noche, todos los grupos de dragones, diablos, gigantes y cabezudos celebran una gran cena de hermandad. Son 625 personas que hay que repartir en 8 mesas que han preparado en la plaza Mayor.

1. ¿Cuántos participantes se sentarán en cada mesa?
   - Indica cuáles son el dividendo, el divisor, el cociente y el resto de la operación que has realizado.
2. La organización no está segura del resultado. Para comprobarlo, Sara realiza la prueba de la división:
   - Primero se multiplica el cociente ✳ por el divisor 8 : ✳ × 8 = ✳ .
   - Después, se suma el residuo: ✳ + ✳ = 625.

   — Si el resultado de la suma final es igual que el dividendo, la división es correcta.

NUMERACIÓN: Prueba de la división

8 Comprobad estas divisiones y, si son incorrectas, resolvedlas correctamente:

461 : 3 = 153 y resto 2	958 : 5 = 192 y resto 0
314 : 2 = 154 y resto 6	738 : 6 = 123 y resto 0

9 Realizad las siguientes divisiones y comprobad si están bien hechas con la prueba de la división:

436 : 8 =	95 : 6 =	893 : 3 =	65 : 4 =	529 : 9 =

Trabajamos con unidades de capacidad

10 Hoy Sara lleva el depósito del agua. En todos los correfuegos hay una persona encargada de llevar agua por si alguien se quema o por si se produce un pequeño incendio involuntario.

- ¿Con qué unidad se miden los líquidos? Empareja:

a. Los pesos se miden en	**1.** metros
b. Las longitudes se miden en	**2.** litros
c. Los líquidos se miden en	**3.** kilogramos

- Pensad en algunos productos que compréis en casa que se midan en litros.

El **litro** es la unidad de capacidad principal. Su símbolo es **L.** La capacidad de un recipiente es la cantidad de líquido que cabe dentro.

MEDIDA: Litro y centilitro

Encontramos la equivalencia entre el litro y sus fracciones

11 Para llenar los depósitos de agua, los diablos de los correfuegos necesitan conocer la capacidad de los recipientes.

En 1 L, ¿cuántos cuartos de litro caben?

¿Y cuántos medios litros? Comprobadlo con una botella de plástico de 1 L de agua vacía.

Haced marcas con un rotulador negro señalando un cuarto de litro y medio litro.

MEDIDA: Otras medidas de capacidad

Conecta

12 Ya estamos en la parte final de las fiestas. El grupo se ha inventado un maratón de cálculos con calculadora. Aquí los tenéis:

503 + 478 = *	9076 + 392 = *	34987 + 1403 = *
5732 − 98 = *	456 − 163 = *	92 850 − 5402 = *
45 × 237 = *	3904 × 6 = *	493 × 128 = *
7584 : 12 = *	97 848 : 27 = *	253 232 : 98 = *

- ¿Cuáles de los siguientes resultados son correctos? Verificadlo con la ayuda de la calculadora y corregid los incorrectos:

456 × 86 = 39 216	345 + 68 + 134 = 867
927 : 9 = 102	58 972 × 5 = 294 806
328 692 : 52 = 6321	23 + 678 = 701

Para realizar operaciones con la calculadora, tienes que marcar el primer número, a continuación la tecla de la operación, después el segundo número y, finalmente, la tecla = para ver el resultado.

13 Hablad de la utilidad de saber realizar los cálculos sin depender de la calculadora. Imaginad situaciones de la vida diaria en las que las ventajas que veis sean evidentes.

14 ¿Qué relación tienen las matemáticas y la organización de un correfuegos? ¿Crees que lo que has aprendido serviría para organizar otro tipo de fiestas?

En acción. ¡Pon en juego las competencias!

¿Qué sé de la división y de las unidades de capacidad?

Para acabar, reflexiona

- **¿Qué más te gustaría aprender sobre las divisiones?**

27

¿Qué actividades matemáticas realizan en la residencia de ancianos?

En esta situación vas a aprender...

- A resolver operaciones combinadas.
- El uso correcto de los paréntesis.
- A respetar la prioridad y el orden de las operaciones.
- A hacer estimaciones de resultados en todas las operaciones.

Dani, Sara, Berta y Teo visitan a menudo la residencia de ancianos del barrio, donde la abuela de Dani realiza actividades. Se lo pasan muy bien porque ¡los ancianos han vivido mucho y tienen muchas cosas para contarles! A veces los ayudan en las actividades que se organizan.

Realizamos operaciones combinadas

1 En el desayuno, en la residencia hay 4 platos con estas magdalenas:

— Completad estas operaciones para encontrar el total de magdalenas de tres maneras diferentes:

a. 3 + ✳ + 2 + ✳ = ✳

b. 4 × 3 − ✳ = ✳

c. ✳ × ✳ + ✳ × ✳ = ✳

Para resolver operaciones combinadas, primero se realizan las operaciones que están dentro de los paréntesis, si las hay, después las multiplicaciones y las divisiones y, finalmente, las sumas y las restas.

2 Calcula el resultado de estas operaciones combinadas:

9 + 6 − 10 = ✳   9 − 7 + 9 = ✳   7 − 6 − 1 = ✳   28 − 25 + 3 = ✳

2 × 8 + 4 = ✳   10 : 2 − 2 = ✳   4 + 5 × 3 = ✳   4 − 2 : 2 = ✳

2 × 5 − 10 : 5 + 4 = ✳   20 : 5 + 4 × 10 : 2 + 18 : 3 = ✳

3 Averigua en cada caso la casilla del resultado correcto:

9 + 15 × 3 =	54 / 72	10 + 5 : 5 =	3 / 11	2 + 3 × 2 − 1 =	7 / 9

Los paréntesis se deben escribir siempre para indicar qué operación se tiene que realizar primero.

Utilizamos los paréntesis

4 **La cooperativa de fruta que abastece la residencia de ancianos les ha regalado unas bolsas de fruta.**

1. Sara, Berta y Teo cogen una cada uno. Al abrirlas, ven que todas contienen 3 manzanas y dos peras:

- Si al contar las piezas de fruta realizamos la siguiente operación, ¿el resultado será correcto?

  3 manzanas + 2 peras × 3 bolsas = 3 + 2 × 3 = ✳

- ¿Dónde colocaríais los paréntesis para que la operación fuera correcta?

2. Al abrir sus bolsas de regalo, 2 abuelos encuentran 2 plátanos y 1 melocotón:

- Para saber cuántas piezas de fruta tienen entre los 5, ¿cuáles de estas operaciones se deben realizar? Cópialas:

5 × 3 + 3 × 5	(3 + 2) × 3 + (2 + 1) × 2	(5 × 3) + (3 × 2)	5 × (3 + 3) × 2

Aproximamos números y estimamos resultados

Para realizar la estimación de una suma, se aproximan los sumandos a las decenas, las centenas, los millares, etc. más cercanos y después se suma.

Para realizar la estimación de una resta, se aproximan el minuendo y/o el sustraendo y después se resta.

5 Mirando un catálogo de ropa, la abuela de Dani ha visto estos dos vestidos que le han gustado. Dice que le parecen caros...

- ¿Cuáles son las aproximaciones a la decena y a la centena de los precios?
- Vestido A: €   Vestido B: €
- ¿Cuál es la estimación del resultado de la suma?
- ¿Cuál es la estimación del precio final de los dos vestidos si el vendedor les hace un descuento de 8 € en cada uno?
- Vestido A: €   Vestido B: €

6 Aproximad cada número a la centena y después realizad una estimación de los resultados de las sumas y los productos siguientes:

283 + 104 =	899 + 499 =	304 + 201 =
87 × 4 =	391 × 5 =	187 × 2 =

NUMERACIÓN: Estimación de sumas

7 A la abuela Teresa le gusta tener caramelos para repartirlos entre los 5 nietos y nietas que tiene. Ha comprado una bolsa grande de 32 caramelos para repartir en bolsas más pequeñas entre los 5 nietos.

- ¿Qué cantidad aproximada de caramelos habrá en cada bolsa?

  ✱ : 5 = ✱

  Podrá hacer 5 bolsas pequeñas de unos ✱ caramelos.

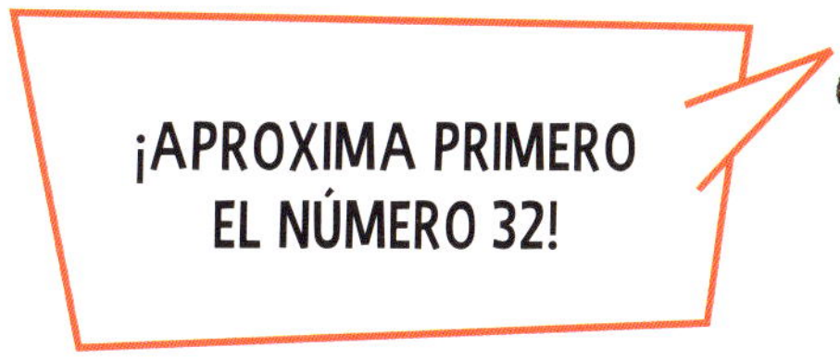

8 Relacionad cada división con la estimación de su cociente:

a. 99 : 2	**1.** 20	**d.** 100 : 3	**4.** 15
b. 19 : 4	**2.** 50	**e.** 59 : 4	**5.** 50
c. 59 : 3	**3.** 5	**f.** 101 : 2	**6.** 33

Localizamos el error en un problema resuelto incorrectamente

9 La abuela Teresa invita a sus 5 nietos a comer en un restaurante una vez al mes. ¿Cuánto dinero se gastará durante un año si paga 50 € cada día que comen juntos?

DATOS	OPERACIÓN	SOLUCIÓN
Abuela y 5 nietos Un año Una vez al mes 50 €	50 × 10 = 500	Invitar a sus nietos una vez al mes a la abuela le costará 500 € al año.

- ¿Os parece que el problema está bien resuelto?
- ¿Qué error hay?
- ¿Cuál es la respuesta correcta?

Conecta

10 Durante la hora de los juegos de mesa, Dani coge 2 bolsas con 5 números en cada una:

BOLSA 1 (B1) — **Pares**: 0 4 8 2 6

BOLSA 2 (B2) — **Impares**: 1 5 9 3 7

Completad las operaciones combinadas con los números de la bolsa que se indica en cada caso (B1 o B2):

Fijaos en el ejemplo resuelto y no repitáis ningún número.

Condición 1:

Usad los números para que el resultado sea el mayor posible:

B1 [8] × B2 [9] + B1 [6] – B2 [1] = [77]

B1 * × (B2 * + B1 *) – B2 * = *

B1 * × B2 * + (B1 * – B2 *) = *

Condición 2:

Utilizad los números para que el resultado sea lo más pequeño posible:

B2 * + B1 * × (B2 * + B1 *) = *

B2 * + (B1 * × B2 *) + B1 * = *

11 Ahora ya puedes responder a la pregunta del inicio: «¿Qué actividades matemáticas han realizado Dani, Sara, Berta y Teo en la residencia de ancianos?».

En acción. ¡Pon en juego las competencias!

¿Qué sé de las operaciones combinadas y de las estimaciones?

Para acabar, reflexiona

- **¿Qué es lo que menos te ha gustado de las actividades que has realizado? ¿Por qué? ¿Cómo las mejorarías?**

28

En esta situación vas a aprender...

- A desplazar figuras planas sobre una cuadrícula.
- A identificar las diferentes vistas parciales o totales de una figura o de un objeto.

¿Cómo conocemos la historia a través de las excavaciones arqueológicas?

¡Los de tercero estamos conociendo la historia a través de nuestro patrimonio! En los dólmenes de Antequera, en Málaga, estudiaremos las construcciones megalíticas, en la colonia griega de Ampurias, en Gerona, la Edad Antigua, en el castro de Santa Tecla, en Pontevedra, los poblados celtas, y en el castillo de Loarre, en Huesca, la Edad Media.

Una excavación arqueológica consiste en retirar muy despacio la tierra de un lugar donde sabemos que vivieron otras culturas muchos años atrás para encontrar objetos que utilizaban y edificios donde vivían. Así nos podemos hacer una idea de cómo vivían.

Desplazamos figuras planas sobre una cuadrícula

1 ¡Haced como los arqueólogos y arqueólogas!

Los arqueólogos dibujan lo que ven sobre el terreno, en una hoja cuadriculada, y luego lo copian, exactamente igual, en otra hoja y lo estudian.

- ¿Qué diferencia hay entre el primer dibujo de la excavación de Ampurias y el segundo?

— Observad y responded:

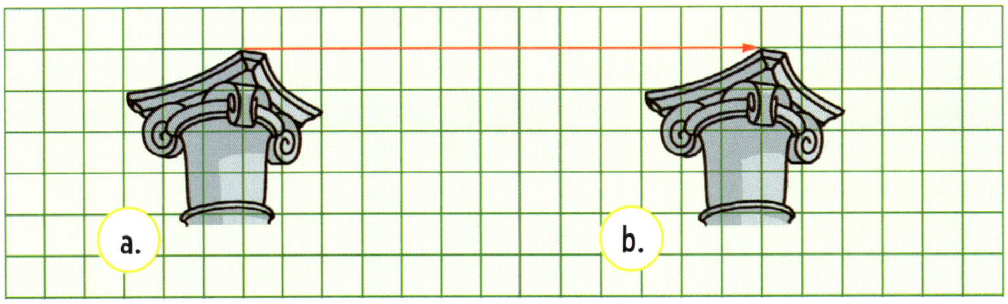

- ¿Qué diferencia hay entre los dos capiteles?
- ¿Hacia donde se ha desplazado el capitel B, respecto del A, hacia la derecha, hacia la izquierda, hacia arriba o hacia abajo?

GEOMETRÍA: Desplazamiento de figuras: traslación

2 Observad este dibujo de una azada primitiva rectangular que se ha encontrado en el yacimiento del castro de Santa Tecla y responded:

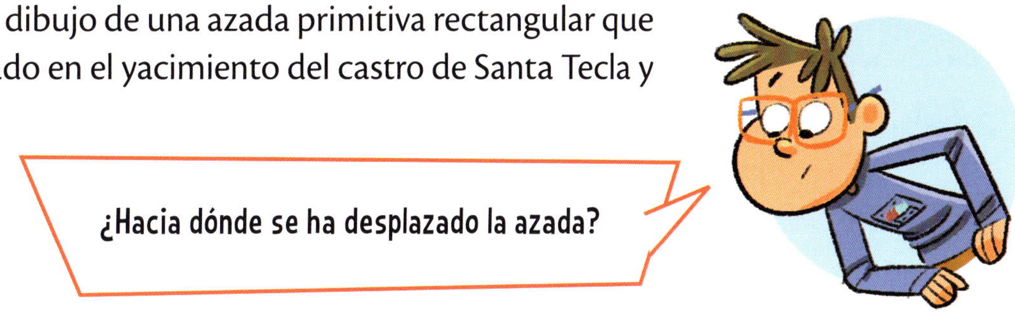

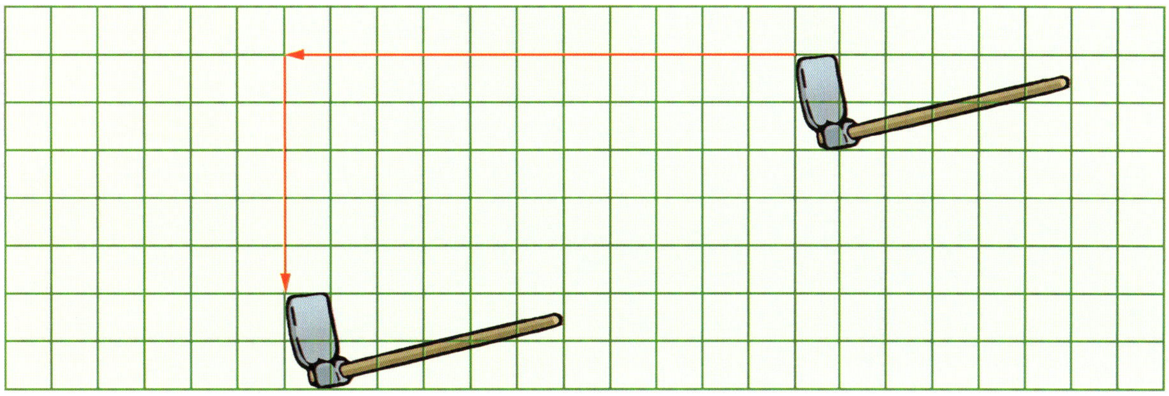

- ¿Qué diferencia hay entre las dos azadas?
- Para responder a la pregunta, ¿te basta con describir un desplazamiento o necesitas dos?
- ¿Te parece complicado hacer este tipo de desplazamientos? ¿Por qué?
- Ahora dibuja un objeto en tu cuaderno y desplázalo hacia la izquierda?

3 Representa en tu cuaderno la torre del castillo de Loarre desplazada 12 cuadraditos hacia la derecha y 2 cuadraditos hacia abajo. Fíjate en el modelo:

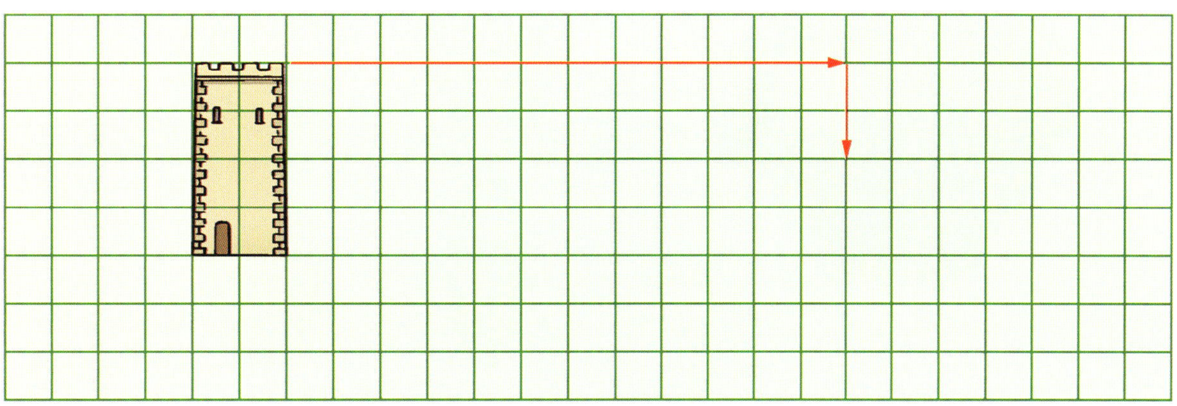

Identificamos vistas totales o parciales de una figura

4 Los de tercero han visto diferentes objetos que se habían encontrado en un yacimiento. Fijaos en las distintas vistas de un mismo objeto:

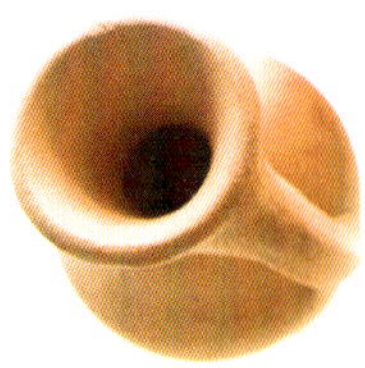

a.

b.

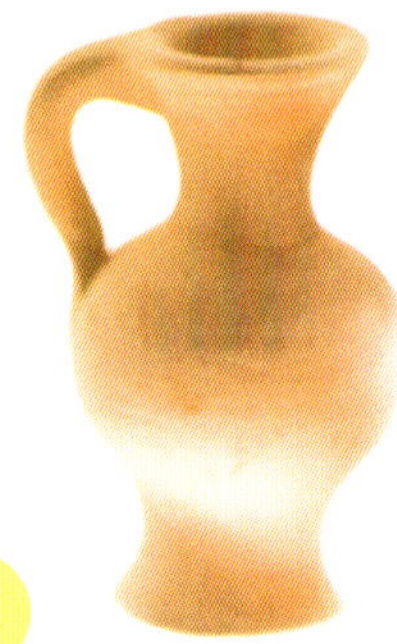

c.

- ¿Qué figuras geométricas te recuerdan algunas vistas o algunas partes de una vista del objeto?
- ¿Desde qué punto de vista se está observando el objeto en cada caso?
- ¿De qué objeto se trata?

Los objetos se pueden observar desde diferentes puntos de vista. Cuando no se tiene una visión total del objeto, se dice que se le está observando parcialmente.

GEOMETRÍA: Vistas totales y vistas parciales

5 Observad bien este objeto y estas vistas:

a.

b.

c.

d.

- ¿Todas las vistas forman parte del mismo objeto? ¿Cuáles no forman parte? ¿Por qué?

6 Mira la siguientet vista parcial, desde arriba, de un objeto y piensa como sería su vista lateral. Dibújala.

- Ahora compara tu dibujo con el de otros compañeros y compañeras. ¿Habéis dibujado el mismo objeto? ¿Por qué?

7 ¿Cuántas vistas podrías dibujar de los siguientes objetos? Dibújalas.

Mesa | Silla | Televisión

8 Elegid un objeto de vuestro entorno y dibujad en una cuadrícula diferentes vistas parciales. Después, mostrad los dibujos a otra pareja para ver si averiguan cuál es el objeto que habéis elegido.

9 Observad estas vistas de diferentes objetos e indicad a qué objetos pueden pertenecer. Después, dibujad otra vista diferente.

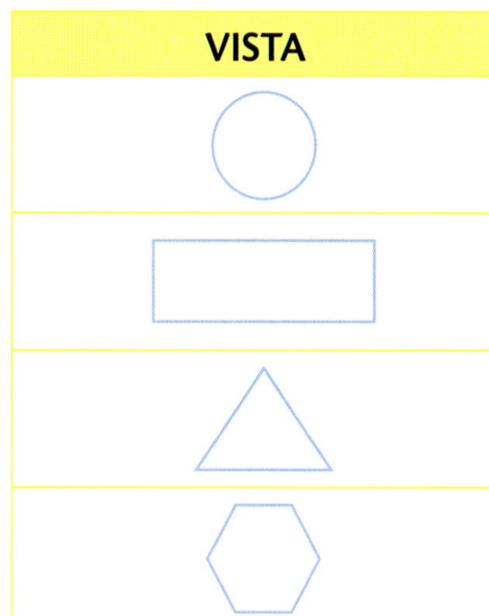

10 Pensad en un balón y responded:

- ¿Cuántas vistas parciales tiene? Explicad vuestra respuesta.

Conecta

11 Elige uno de estos tres objetos encontrados en unas excavaciones arqueológicas:

1. Ahora dibuja el objeto que has escogido en una cuadrícula.
2. Desplázalo 10 cuadros a la derecha y cinco hacia abajo.
3. Elige tres vistas del objeto y dibújalas también en la cuadrícula.
   ¿Podrías desplazar las tres vistas parciales que has escogido?

- Cuando terminéis, por parejas, observad las vistas parciales del objeto que ha elegido vuestra pareja e intentad adivinar qué objeto ha escogido.
- ¿Podéis averiguar el desplazamiento de cada una de las vistas parciales que ha hecho vuestro compañero o compañera?
- ¿Cómo te has sentido dibujando? ¿Qué te parece más difícil, dibujar vistas totales o parciales?

En acción. ¡Pon en juego las competencias!

¿Qué sé de las figuras planas y de las vistas de los objetos?

Para acabar, reflexiona

- **¿Has tenido alguna dificultad para realizar los dibujos de las vistas? ¿Qué te ha sido más difícil?**

29

En esta situación vas a aprender...

- A encontrar expresiones matemáticas en la vida diaria y en todas partes.
- A calcular el paso del tiempo.

¿Es posible un mundo sin matemáticas?

Encontramos números en todas partes

1 Intentad leer este texto sin números y, después, completadlo con los siguientes números:

4.º | 25 | 7 | 8 | 36 | 1500 | 14

12 | 24 | 1 | 17:45 | 2.º | 21

Marta tiene ___ años y vive en un pequeño pueblo de ___ habitantes, en la calle Mayor, número ___, ___ piso. ___

El día ___ de septiembre empezó la escuela. Se levanta cada día a las ___ de la mañana. Se queda a comer y no vuelve a su casa hasta las ___ de la tarde.

Le gusta mucho celebrar las fiestas tradicionales, como Todos los Santos, el ___ de noviembre, o el día de Navidad, el ___ de diciembre.

El invierno es la estación en que la se queda más en casa, pero cuando llega el ___ de marzo, empieza la primavera y, con el buen tiempo, vuelve a salir mucho.

La escuela termina alrededor de San Juan, el ___ de junio.

Cuando tenga ___ años, irá al instituto, pero antes todavía tendrá que hacer ___ de primaria y estudiar mucho.

2 Ahora, hazlo a la inversa: redacta un texto corto en el que aparezcan los números o las expresiones matemáticas siguientes:

10 | 4 veces | primero

la mitad | 1200

— Compara el texto que has escrito con el de tus compañeros y compañeras. ¿En qué datos habéis coincidido? ¿En qué se diferencian?

Encontramos expresiones matemáticas en la vida diaria

3 Buscad un mínimo de tres expresiones matemáticas en el texto y copiadlas:

Muchas veces mi madre me prepara macarrones para comer porque me gustan más que la sopa. Cuando hace sopa, siempre me pone poca porque no hay nada que me guste menos que la pasta, pero incluso así ¡tengo que comerla de vez en cuando!

— Ahora, relacionad las expresiones que habéis encontrado con una de estas opciones:

a. Repetición de algo en el tiempo que pasa pocas veces.

b. Repetición de algo en el tiempo que pasa muchas veces.

c. Comparación entre dos situaciones, una de las cuales es superior a la otra.

d. Comparación entre dos situaciones, una de las cuales es inferior a la otra.

4 Completad el siguiente texto con las unidades de medida correspondientes:

¿Qué haríamos sin las unidades de longitud (m), de masa (kg, g), de tiempo (h, min, s) o de capacidad (L) que ya conocemos y que utilizamos en nuestra vida cotidiana?

Tengo la parada del bus a 100 ___ , pero no he llegado a tiempo porque llevo una mochila que pesa más de 3 ___ y me resulta difícil correr. El próximo bus no pasa hasta dentro de 12 ___ . Hoy voy de excursión y el autocar saldrá a las 8 ___ en punto. Traigo todo lo que me han pedido los maestros: una cantimplora de 2 ___ , una cinta métrica de 2 ___ y la gorra. Tenemos 2 ___ de viaje, pero pararemos 20 ___ para comernos un bocadillo.

Calculamos constantemente el paso del tiempo

5 Leed el siguiente texto, fijaos en el horario de los trenes y responded:

Los abuelos de Berta viven en un pueblo y hoy ella, su hermano y sus padres van a visitarlos. Cuando llegan a la estación son las 9 y media.

HORA DE SALIDA	HORA DE LLEGADA
9:18	10:06
9:48	10:36
10:18	11:06
10:48	11:20
11:18	12:06
11:48	12:15

- ¿Cuántos minutos hace que ha salido el primer tren?
- ¿Qué tren saldrá antes?
- ¿Todos los trenes tardan el mismo tiempo en llegar al pueblo?
- ¿Qué tren llega al pueblo en menos tiempo? ¿Cuántos minutos tarda? .

MEDIDA: Hora, minuto y segundo

6 Lee y responde. Si es necesario, busca un calendario:

El cumpleaños de Sara es el 10 de diciembre y el de Dani, el 27 de marzo.

- ¿Cuántos días hay entre el cumpleaños de Dani y el de Sara?
- ¿Cuál es el día de tu cumpleaños? ¿Está más cerca del de Sara o del de Dani? ¿De cuántos días es esta diferencia?

MEDIDA: Día, semana, mes y año

Encontramos geometría, probabilidad y azar cada día

7 Reproduce en tu cuaderno la siguiente imagen y construye un pueblo utilizando figuras geométricas.

— Compara tu dibujo con el de tus compañeros y compañeras. ¿Habéis usado las mismas figuras geométricas para representar una misma cosa?

— ¿Qué parte del pueblo de tu compañero o compañera te ha parecido más original? ¿Por qué?

— ¿Cuál es la figura geométrica que más habéis utilizado?

Podéis dibujar cuadrados, rectángulos, triángulos, prismas, pirámides, conos, cilindros y esferas.

8 ¿Creéis que se puede hacer una previsión del tiempo sin utilizar ningún estudio sobre la probabilidad de lo que puede pasar?

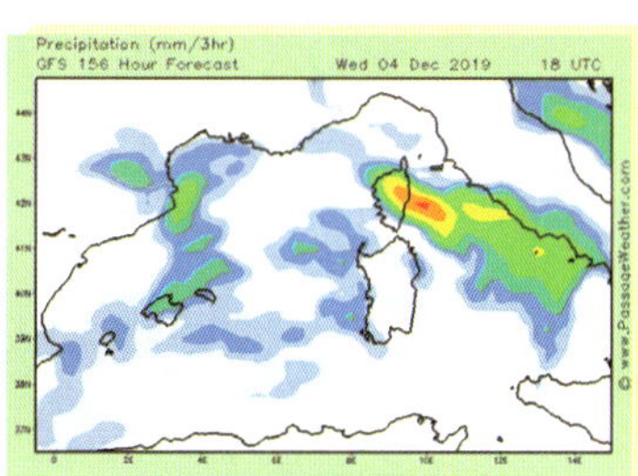

¿Son importantes, las previsiones del tiempo para los aviones y los aeropuertos? ¿Por qué? ¿Y para la agricultura? ¿Por qué? ¿Y durante las vacaciones? ¿Por qué? Hablad entre toda la clase. ¿Qué tienen que ver con las matemáticas?

Conecta

9 Buscad en la prensa escrita una página entera en la que no haya ningún número ni ninguna expresión matemática.

- ¿Lo habéis conseguido? ¿Es fácil o difícil?

10 Explicad a los compañeros y a las compañeras de clase cuándo y cómo se celebran diferentes fiestas sin nombrar ningún número ni ninguna expresión matemática. ¡A ver si las adivinan!

11 Hablad de las dificultades que habéis encontrado para realizar las dos actividades anteriores.

- ¿Qué situaciones cotidianas en las que las matemáticas son muy importantes no han aparecido en estas actividades?

En acción. ¡Pon en juego las competencias!

¿Qué sé hacer con las matemáticas en la vida cotidiana?

Para acabar, reflexiona

- **¿Te has dado cuenta de la importancia de las matemáticas en muchas situaciones de tu vida?**
- **¿Hay alguna situación que todavía no ves suficientemente clara? ¿Cuál?**

Entrénate

EVALUACIÓN POR COMPETENCIAS

¡VAMOS DE CAMPAMENTO!
¡Practica para descubrir las matemáticas de cerca!

Actividad 1 Los grupos

Unos días antes de terminar las clases, todos los grupos de 3.° y 4.° iremos tres días a una casa donde hacer un campamento. Debemos organizarlo todo muy bien para poder aprovechar al máximo la estancia.

Fíjate en las personas que van de campamentos y encuentra la respuesta correcta:

CLASE	ALUMNOS	MAESTROS	MONITORES
3.º A	24	1	2
3.º B	25	1	2
4.º A	26	1	2
4. º B	25	2	1

1. ¿Cuántas habitaciones de 6 camas necesitan los niños y niñas de 3.º A?

- **a.** 24 : 6 = 4 habitaciones
- **b.** 24 + 6 = 30 habitaciones
- **c.** 24 : 6 = 4 habitaciones y sobrará 1 cama

2. ¿Cuántas habitaci ones de 4 camas necesitan los niños y niñas de 3.º B?

- **a.** 25 : 4 = 6 habitaciones y sobrará 1 cama
- **b.** 25 : 4 = 6 habitaciones y faltará 1 cama
- **c.** 25 : 4 = 6 habitaciones

3. Si las habitaciones para los acompañantes son de 6, ¿cuántas se necesitan? Fíjate en que hay 5 maestros y 7 monitores.

a. 12 adultos : 6 personas/habitación = 2 habitaciones.
b. 5 maestros + 7 monitores = 12 adultos.
c. 6 personas/habitación × 2 habitaciones = 12 personas.

4. El precio del campamento es de 125 € por alumno. ¿Cuánto dinero han recogido en cada clase?

En 3.º A han recogido:

a. 3000 €
b. 3125 €
c. 2875 €

En 3.º B han recogido:

a. 3250 €
b. 3125 €
c. 3000 €

En 4.º A han recogido:

a. 3250 €
b. 3125 €
c. 3375 €

En 4.º B han recogido:

a. 3000 €
b. 3250 €
c. 3125 €

5. De los 1250 € que valía la estancia de todos los niños y niñas, la escuela ya avanzó 675 en el momento de hacer la reserva. ¿Cuánto dinero falta aún por pagar?

a. 6150 €. **b.** 6200 €. **c.** 6100 €.

6. La casa donde se hace el campamento ha ofrecido al colegio la posibilidad de pagar el resto de la estancia en 5 meses. ¿Cuánto dinero tendrían que pagar cada mes?

a. 1270 €. **b.** 1320 €. **c.** 1230 €.

Actividad 2 Las actividades

Nos han dicho que durante los tres días del campamento haremos actividades muy divertidas: piscina, talleres de naturaleza y de cocina, estampación de camisetas, una excursión a un castillo, una gincana y ¡discoteca!

7. Los 25 niños y niñas de 4.º B formarán 5 grupos para participar en la gincana. ¿Cuántos niños y niñas habrá en cada grupo?

- **a.** $25 \times 5 = 125$ niños y niñas en cada grupo.
- **b.** $5 \times 5 = 25$ niños y niñas en total.
- **c.** $25 : 5 = 5$ niños en cada grupo.

8. La excursión al castillo es de 8 km. La haremos en 4 tramos iguales. ¿De cuántos kilómetros será cada tramo? ¿Qué operación has hecho para saberlo?

- **a.** De 4 km. He multiplicado.
- **b.** De 2 km. He dividido.
- **c.** De 4 km. He dividido.

9. ¡En el mapa hay un error! El castillo está 5 m a la derecha y 4 m hacia abajo. Dibújalo en tu cuaderno en el lugar correcto.

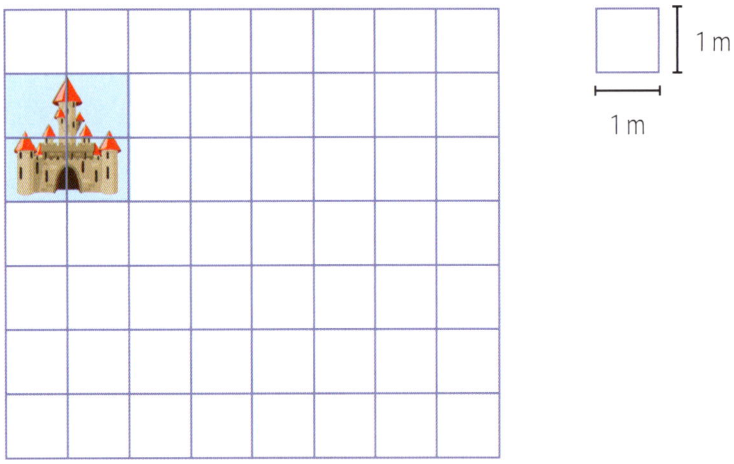

10. En el taller de galletas, cada niño y niña de 3.º hará 4 galletas. ¿Cuántas haremos entre todos?

a. 65 galletas en cada una.

b. 66 galletas en una y 65 en las otras dos.

c. 65 galletas en una y 66 en las otras dos.

¡Atención! Recuerda que tenemos 3.°A y 3.° B.

11. Si tenemos que guardar las galletas que han sobrado en 3 cajas, ¿cuántas galletas pondremos en cada una?

a. 65 galletas en cada una.

b. 66 galletas en una y 65 en las otras dos.

c. 65 galletas en una y 66 en las otras dos.

— Dibuja las cajas donde guardaremos las galletas a partir de las descripciones:

La caja tiene la forma de un prisma con todas las caras cuadradas e iguales.	La caja tiene la forma de una figura con 2 caras iguales que son círculos.	La caja tiene la forma de un prisma con 2 caras cuadradas y 4 caras rectangulares.

12. Dibuja dos caras de la tienda que utilizaremos una de las noches para dormir fuera de la casa:

Actividad 3 Comemos juntos

Ahora hay que fijarse en los desayunos, las comidas y las cenas.

13. Cuando vamos de campamentos comemos todos juntos. ¿Para cuántas personas tenemos que poner la mesa?

a. Para 100.
b. Para 112
c. Para 105

14. Los responsables del agua deben llenar una jarra de 1 L y medio con vasos de un cuarto de litro. ¿Cuántos necesitarán?

a. 6 vasos.
b. 4 vasos.
c. 8 vasos.

15. ¿Qué mesas han comido la misma cantidad de *pizza*? Márcalas.

a. MESA 1 6/8
b. MESA 2 8/6
c. MESA 3 12/16
d. MESA 4 4/12
e. MESA 5 3/4

16. El último día en la casa han recogido 33 kg de desechos, 2/3 partes de los cuales son orgánicos. ¿Cuántos kilos son? ¿Y gramos?

a. Son 33 kg o 3300 g.
b. Son 32 kg o 32000 g.
c. Son 22 kg o 22000 g.

Saberes y destrezas

Saberes y destrezas

Numeración

La suma

La división

Fracciones

Medida

Masa y capacidad

Geometría

Cuerpos geométricos

Representación en el plano

Estimación de sumas

Sheila está comprando globos para una fiesta. A la fiesta irán los 28 alumnos de 3.º A, los 26 de 3.º B y los 22 de 3.º C. Las bolsas son de 50, 70 y 90 globos. ¿Qué bolsa comprará para que no falten globos?

Para resolverlo, no es necesario conocer la cantidad exacta, sino que podemos **estimar** el resultado de la suma.

Para estimar esta suma: $28 + 26 + 22$

1.º Aproximamos los sumandos a la decena más cercana. $\downarrow$ $\downarrow$ $\downarrow$ $30 + 30 + 20$

2.º Resolvemos la suma aproximada. $30 + 30 + 20 = 80$

Por tanto, se necesitan unos 80 globos. Sheila comprará la bolsa de 90 globos.

Actividades

1. Estima el resultado de estas sumas aproximando a las decenas y elige el resultado correcto (fíjate en el ejemplo):

$32 + 148 \rightarrow 30 + 150 = 180$

a. $46 + 27$ → 60 / 80

b. $23 + 32$ → 50 / 60

c. $485 + 248$ → 740 / 830

d. $762 + 359$ → 1020 / 1120

2. Estima el resultado de estas sumas aproximando los sumandos a las decenas:

a. $46 + 23$

b. $33 + 66$

c. $89 + 57$

d. $18 + 74 + 32$

3. Aproxima estos precios a la centena más cercana:

a. 185 €

b. 210 €

c. 467 €

d. 1230 €

— Estima el resultado de sumarlos.

4. Los bocadillos para una excursión cuestan 14 € en total. Si tienes varios billetes de 10 €, ¿con cuántos billetes podrías pagar?

— Razona por qué no aproximas a la decena más cercana.

5. Rafa ha viajado durante 5 días. En total ha gastado 479 € en hoteles, 218 € en comida y 189 € en transporte. Estima el gasto total aproximando el precio a las centenas.

— ¿Tendrá suficiente con 900 € para pagarlo todo? ¿Por qué?

Comprobación de sumas

Mario y Laura han comprado en la carnicería.

Al pagar, reciben el tique de compra y quieren comprobar si el total es correcto.

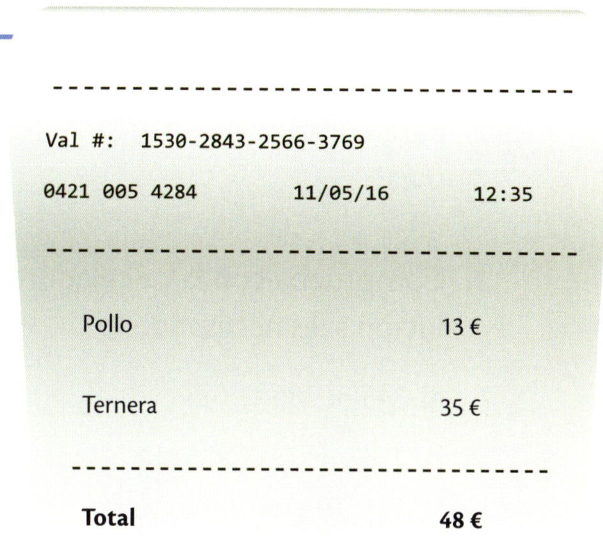
Val #: 1530-2843-2566-3769
0421 005 4284 11/05/16 12:35

Pollo	13 €
Ternera	35 €
Total	**48 €**

Pueden comprobarlo de varias formas.

La **1.ª** forma es **hacer la suma** mentalmente o con lápiz y papel.

La **2.ª** consiste en hacer la **prueba de la suma.**

En la prueba de la suma, se resta al resultado uno de los sumandos. Si la diferencia de esa resta es igual al otro sumando, la suma es correcta.

Mario y Laura comprueban esta suma:

$$\begin{array}{r} 13 \\ +\ 35 \\ \hline 48 \end{array}$$

Haciendo alguna de estas restas:

$$\begin{array}{r} 48 \\ -\ 13 \\ \hline \end{array} \qquad \begin{array}{r} 48 \\ -\ 35 \\ \hline \end{array}$$

Observan que el resultado es el otro sumando:

$$\begin{array}{r} 48 \\ -\ 13 \\ \hline 35 \end{array} \qquad \begin{array}{r} 48 \\ -\ 35 \\ \hline 13 \end{array}$$

La **3.ª** es hacer la suma con la **calculadora.**

El tique de compra es correcto.

Pasos para sumar con la calculadora:

- Teclear las cifras del primer sumando, de izquierda a derecha.
- Teclear el signo +.
- Teclear las cifras del segundo sumando.
- Teclear el signo =.

En nuestro ejemplo, las teclas son:

1 3 + 3 5 =

Y el resultado en la pantalla es: **48.**

Actividades

1. Di qué ventajas e inconvenientes crees que tiene cada uno de los tres métodos para comprobar una suma. ¿Cuál te parece más fácil de aplicar? ¿Cuál te gusta más?

2. Comprueba con la calculadora si estas sumas están bien resueltas. Corrige la solución si es necesario.

   a. 345 + 286 = 631

   b. 1543 + 2345 = 5422

   c. 34 567 + 22 345 = 56 912

   d. 234 567 + 398 907 = 540 987

3. Completa y comprueba la solución con la calculadora.

   a. 253 + ...= 489

   b. 1525 + ...= 2736

   c. 3408 + ...= 5234

   d. 45 678 + ...= 86 980

4. Explica cuáles son los pasos que deben seguirse si quieres sumar cuatro números con la calculadora.

   — A continuación, invéntate una suma de cuatro sumandos y resuélvela con lápiz y papel. Comprueba que la has resuelto bien, primero con la prueba de la suma y después con la calculadora.

5. Utilizad la destreza *Toma de decisiones* para analizar si es mejor opción usar la calculadora para resolver las sumas o no utilizarla.

6. Javier va al quiosco con su primo. Compran un cómic que vale 12 €, una revista de 3 €, un libro que cuesta 15 € y un paquete de chicles de 2 €. A la hora de pagar, el vendedor les dice que son 31 €. Sin embargo, el primo de Javier afirma que la suma no es correcta.

   — Comprueba la suma mentalmente y con la calculadora. ¿Cuál es el resultado correcto?

La división como reparto

A Pablo, Martina y Rosa les han regalado una bolsa con 15 manzanas. Se las quieren **repartir a partes iguales.** ¿A cuántas manzanas tocará cada uno?

Para repartírselas, van tomando 1 manzana cada uno por turnos. Al final se han formado 3 montones de 5 manzanas:

Pablo

Martina

Rosa

A cada amigo le tocan 5 manzanas.

Han repartido las manzanas en tres partes iguales. Al **reparto en partes iguales** le llamamos **división.**

Cada grupo de manzanas es una **tercera parte,** o **un tercio,** del total de manzanas.

Una tercera parte, o un tercio, de 15 es igual a 5. También podemos decir que 5 es un tercio de 15.

¿Cómo sería el reparto entre Pablo, Martina y Rosa si les regalaran 17 manzanas?

Al acabar el quinto turno quedarían 2 manzanas. Y, como son 3 amigos, no pueden repartirlas de forma que consigan 3 grupos iguales.

Como $2 < 3$, sobran 2 manzanas.

Cada amigo recibe 5 manzanas y sobran 2 manzanas.

En un reparto en partes iguales, o división, siempre se forman grupos con el mismo número de elementos.

A veces sobran elementos que no se pueden repartir en los grupos.

Fíjate en estos otros repartos:

—Repartimos 12 pelotas en 2 cajas:

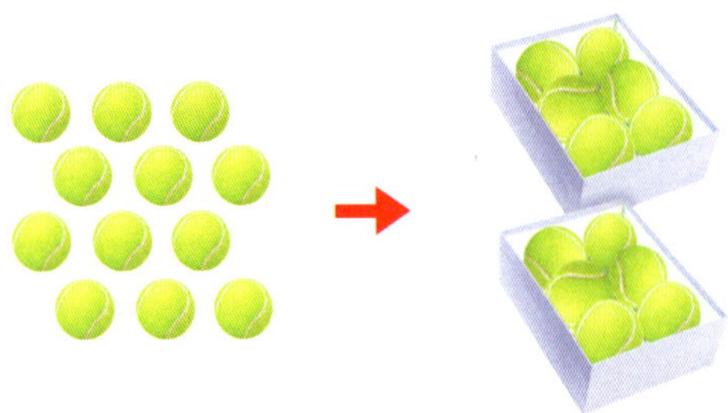

—Ahora, repartimos las 12 pelotas en 4 cajas:

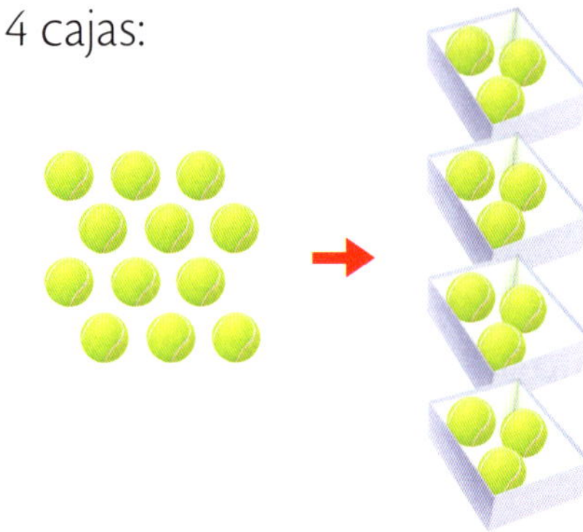

Cada caja tiene la **mitad** de las pelotas. La mitad de 12 es igual a 6 o, también, 6 es la mitad de 12.

Cada caja tiene la **cuarta parte,** o un **cuarto,** de las pelotas. Una cuarta parte, un cuarto, de 12 es igual a 3 o, también, 3 es un cuarto de 12.

Actividades

1. Dibuja cómo repartir los botes de pintura en los estuches:

a. 8 botes en 2 estuches.

b. 6 botes en 3 estuches.

c. 16 botes en 4 estuches.

d. 20 botes en 5 estuches.

2. Reparte en partes iguales y di los elementos que sobran:

a. 7 pantalones en 2 cajones → 3 pantalones en cada cajón y sobra ... pantalón.

b. 8 camisetas en 3 cajones → ... camisetas en cada cajón y sobran ... camisetas.

c. 11 cinturones en 5 cajones → ...

d. 14 botones en 4 cajones → ...

3. Calcula cuánto valen (ayúdate de dibujos si es necesario):

a. La mitad de 14.

b. Una tercera parte de 24.

c. Una cuarta parte de 20.

—Calcula mentalmente la mitad de 4, 8 y 18, la tercera parte de 9, 18 y 30 y la cuarta parte de 8, 28 y 36.

4. Luis tiene 4 perritos y quiere repartir 20 galletas entre ellos. ¿Cuántas dará a cada perrito?

5. Marina ha comprado 23 globos para repartirlos entre 5 amigos. ¿Cuántos globos dará a cada amigo? ¿Cuántos le sobrarán?

La división exacta

Una **división exacta** es aquella en la que no sobra ningún elemento tras el reparto.

Pablo quiere sembrar 56 semillas en 8 macetas y que cada maceta tenga el mismo número de semillas. ¿Cuántas sembrará en cada maceta?

Debemos resolver el reparto (división) de 56 en 8 partes o grupos iguales.

Lo escribimos 56 : 8, o bien, 56 |8. Se lee «56 dividido entre 8» o «56 entre 8».

Elementos o cantidad que se reparte — 56 |8 — Grupos o partes en los que se reparte

Símbolo de la división

Para **resolver la división exacta,** en este caso, hay que buscar en la tabla del 8 el producto 56.

....

$8 \times 6 = 48$

$8 \times 7 = 56$

$8 \times 8 = 64$

....

El **resultado** de la división es 7. Es el número por el que se multiplica 8 para obtener 56.

Esta división es exacta porque **no sobra** ningún elemento (semilla). Para indicarlo, colocamos un 0 debajo del 56.

56 |8
0   7

Pablo sembrará 7 semillas en cada maceta y no le sobrará ninguna.

Actividades

1. Resuelve estas divisiones:

a. 30 : 5 = ..., porque 5 × 6 = ...

b. 12 : 4 = ..., porque 4 × ... = 12

c. 15 : 3 = ..., porque ... × ... = ...

2. Completa:

a. 36 |6
... ...

b. 45 |5
... ...

— Escribe cómo se leen.

3. Aplica la destreza *Analogía* para resolver estas divisiones comparándolas con las de los ejercicios anteriores:

a. 28 : 2 b. 65 : 5

4. En un restaurante tienen 3 frigoríficos y han elaborado 27 postres. Quieren guardar el mismo número de postres en cada frigorífico. ¿Cuántos postres colocarán en cada uno?

La división entera

Una **división entera** es aquella en la que, tras el reparto, sobran elementos.

Amaya quiere repartir, en partes iguales, 26 tornillos en 4 bolsas. ¿Cuántos pondrá en cada bolsa?

Debemos dividir 26 entre 4: 26 |4

Buscamos en la tabla de multiplicar del 4 un producto que sea igual a 26:

....

$4 \times 5 = 20$

$4 \times 6 = 24$

$4 \times 7 = 28$

....

No encontramos ningún producto que coincida con 26, así que **escogemos el que se acerca más sin pasarnos:** $4 \times 6 = 24$.

El **resultado** de la división es 6.

Sobran $26 - 24 = 2$ tornillos y lo escribimos debajo del 26.

26 |4
2 6

Amaya colocará 6 tornillos en cada bolsa y sobrarán 2 tornillos.

Observa que el número de elementos que sobra no puede ser mayor que el número de grupos entre los que se reparte.

Actividades

1. Resuelve estas divisiones:

a. 17 : 2 → da ..... y sobra 1, porque $2 \times 8 =$ ...

b. 28 : 5 → da ... y sobran ..., porque $5 \times 5 =$ ...

c. 35 : 4 → da ... y sobran ..., porque $4 \times ... = 32$

d. 26 : 7 → da ... y sobran ..., porque $7 \times ... =$ ...

e. 55 : 6 → ...

2. Practica las divisiones en:

https://links.edebe.com/s7gk

3. Completa:

a. 25 |8
... ...

b. 56 |...
2 6

c. 85 |...
4 9

d. 39 |...
3 6

4. En una tienda quieren apilar 29 camisetas en montones de 7.

a. ¿Cuántos montones formarán?

b. ¿Cuántas camisetas sobrarán?

Términos de la división

David quiere repartir, en partes iguales y sin partirlas, 16 salchichas entre sus 3 hijos. ¿Cuántas salchichas dará a cada uno? ¿Sobrarán salchichas?

Para conocer la respuesta, escribimos y resolvemos la división 16 entre 3. Fíjate en el nombre de los términos de la división:

Dividendo. Número de **elementos que se reparten.** En este caso, 16 salchichas.

El **dividendo** tiene que ser **mayor que el divisor.**

Divisor. Número de **grupos** que queremos formar. En este caso son 3, uno por cada hijo.

Resto. Número de **elementos que sobran.** En este caso, 1 salchicha.

Cociente. Número de **elementos** que hay **en cada grupo.** En este caso, 5 salchichas.

David dará 5 salchichas a cada uno de sus hijos y sobrará 1 salchicha.

Actividades

1. Escribe y resuelve estas divisiones:

a. Dividendo: 20 Divisor: 3
Cociente: 6 Resto: ...

b. Dividendo: 56 Divisor: 7
Cociente: ... Resto: ...

c. Dividendo: 65 Divisor: 9
Cociente: ... Resto: ...

d. Dividendo: 45 Divisor: 8
Cociente: ... Resto: ...

2. Encuentra las divisiones que tienen el mismo cociente en:

https://links.edebe.com/5eej

3. Ana quiere repartir 26 € entre sus 4 hijos, a partes iguales. ¿Cuánto dinero dará a cada hijo? ¿Cuánto sobrará?

— Indica los términos de la división que resuelvas.

Relación entre la división y la multiplicación

Chema ha comprado 3 paquetes con 2 bolígrafos en cada uno. Al llegar a casa abre las bolsas y agrupa todos los bolígrafos. En total hay 6 bolígrafos.

Multiplicación		División
El número total de bolígrafos es el número de paquetes multiplicado por el número de bolígrafos en cada paquete: $3 \times 2 = 6$	⟷	El número de bolígrafos en cada paquete es el número total de bolígrafos dividido entre el número de paquetes: $6 : 3 = 2$

Mira este vídeo sobre cómo dividir usando la tabla pitagórica:

https://links.edebe.com/fabz9

Fíjate: **la multiplicación y la división** están relacionadas. Son **operaciones contrarias:**

$3 \times 2 = 6 \longleftrightarrow 6 : 3 = 2$ y $6 : 2 = 3$

Al dividir el resultado de la multiplicación entre uno de los factores, obtenemos el otro factor.

Actividades

1. Resuelve cada división e indica la multiplicación asociada:

a. 8 : 2 = ... → 2 × ... = 8

b. 9 : 3 = ... → 3 × ... = ...

c. 20 : 5 = ... → ... × ... = ...

2. Relaciona cada división con su multiplicación:

6 entre 2 es igual a 3	4 × 3 = 12
12 entre 3 es igual a 4	3 × 5 = 15
15 entre 5 es igual a 3	3 × 2 = 6

3. Escribe una división a partir de cada multiplicación:

a. 7 × 9 = 63

b. 3 × 8 = 24

c. 6 × 5 = 30

d. 8 × 2 = 16

4. En una fiesta de cumpleaños a la que asisten 8 niños se le han dado a cada uno 4 globos. ¿Cuántos globos hay en total?

— Si reparto los globos en 4 piñatas, ¿cuántos habrá en cada una?

Prueba de la división

En un bar, 7 camareros se han repartido 66 € de propinas. Han recibido 9 € cada uno y han sobrado 3 €. ¿Han hecho un reparto correcto?

El reparto lo han decidido resolviendo la división 66 : 7.

$$\begin{array}{r|l} 66 & 7 \\ \hline 3 & 9 \end{array}$$

Para comprobar que no se han equivocado, hacemos la **prueba de la división:**

1.º Calculamos el total de euros recibidos por los 7 camareros. Si cada uno ha recibido 9 €: 7 × 9 = 63 €.

2.º Sumamos los 3 € que han sobrado: 63 + 3 = 66 €.

3.º ¡Hemos obtenido el dinero de las propinas! El reparto ha sido correcto.

En las divisiones se cumple que:

Dividendo = divisor × cociente + resto

Recuerda que el resto no puede ser mayor que el divisor.

En una **división exacta,** como el resto es igual a 0, se cumple que:

Dividendo = divisor × cociente

Actividades

1. Comprueba estas divisiones y corrige las que sean erróneas:

a. 38 | 6 — resto 1, cociente 6

6 × 6 + 1 = ...

Incorrecta

38 | 6 — resto ..., cociente 6

b. 49 | 6 — resto 1, cociente 8

8 × ... + ... = ...

Correcta

c. 49 | 5 — resto 3, cociente 9

d. 34 | 4 — resto 2, cociente 8

2. Elisa y Susana preparan 3 masas de tarta. Elisa reparte 24 tacitas de harina entre las 3 masas y le sobran 2. Susana reparte 27 cucharadas de azúcar y le sobra 1 cucharada.

a. ¿Han repartido de forma correcta?

b. ¿Por qué?

— Utiliza la prueba de la división ayudándote de la calculadora.

Dividendo de dos cifras

Alicia tiene 53 abalorios y quiere repartirlos a partes iguales para montar 3 pulseras. ¿Cuántos abalorios colocará en cada pulsera?

Debemos resolver la división 53 : 3, que escribimos: 53 |3.

Para **dividir un número de dos cifras entre un número de una cifra,** con la **primera cifra del dividendo mayor que el divisor,** seguimos estos pasos:

Recuerda los términos de la división:

27 |4 : dividendo (27), divisor (4)
3 6 : resto (3), cociente (6)

1.er paso

Dividimos la **primera cifra del dividendo entre el divisor.**
En este caso, dividimos 5 entre 3:

$3 \times 1 = 3$ → Es el valor más cercano a 5 sin pasarnos.

$3 \times 2 = 6$

5 entre 3 es 1. Lo escribimos aquí → 53 |3 , cociente 1

2.º paso

Restamos a la primera cifra del **dividendo** (5) el resultado de multiplicar el **divisor por el cociente:**

$3 \times 1 = 3$ →

$5 - 3 = 2$ →

53 |3
− 3   1
  2

3.er paso

Bajamos la siguiente cifra del **dividendo:**

53 |3
− 3   1
 23 → Nuevo valor obtenido

4.º paso

Dividimos el **nuevo valor** obtenido en el paso anterior **por el divisor.**
En este caso, 23 entre 3:

$3 \times 7 = 21$ → Es el valor más cercano a 23 sin pasarnos.

$3 \times 8 = 24$

23 entre 3 es 7. Lo escribimos aquí

53 |3
− 3   17
 23

5.º paso

Restamos al valor obtenido en el 3.er paso el resultado de multiplicar el **divisor por la segunda cifra del cociente:**

La división termina cuando ya no quedan cifras del dividendo por bajar.

```
            53 |3
           − 3   17
            23
3 × 7 = 21 → − 21
23 − 21 = 2 →   2
```

Para repartir 53 abalorios entre 3 pulseras, Alicia colocará 17 abalorios en cada pulsera y le sobrarán 2 abalorios.

Al acabar de resolver una división, el **resto** siempre tiene que ser **menor que el divisor.** Y podemos hacer la **prueba de la división:**

$$\text{Dividendo} = \text{divisor} \times \text{cociente} + \text{resto}$$

En el caso de los abalorios de Alicia: $3 \times 17 + 2 = 51 + 2 = 53$

Actividades

1. Completa estas divisiones:

a.
```
 39 |2
−2   1...
 19
−18
 ...
```

b.
```
 84 |3
−6   2...
 ...4
−...
   0
```

2. Resuelve estas divisiones:

a. 41 : 2   c. 65 : 3

b. 73 : 5   d. 94 : 6

— Al terminar, haz la prueba de la división con ayuda de la calculadora.

3. Utilizad la técnica de trabajo cooperativo *Estructura 1-2-4* para pensar cómo podéis calcular el resto de una división utilizando la calculadora y calculad el resto de 95 : 4.

4. En un museo con 5 salas, esperan la visita de un grupo de turistas compuesto por 75 personas. ¿Cuántos visitantes tendrán que ir a cada sala para que no se concentren todos en la misma?

5. Diego tiene 95 € en billetes de 10 € y monedas de 1 €. Quiere repartirlos entre sus 3 sobrinos. ¿Cuánto dinero dará a cada uno y cuánto le sobrará? Escribe la respuesta con una combinación de billetes de 10 € y monedas de 1 €.

NUMERACIÓN

La fracción como «parte de»

Observa las seis camisetas que Daniel tiene en su armario:

Cada tipo de camisetas es una **fracción,** una parte, de la **colección** de camisetas.

Para desayunar, Daniel toma dos trozos de queso:

El queso está cortado en siete trozos iguales.

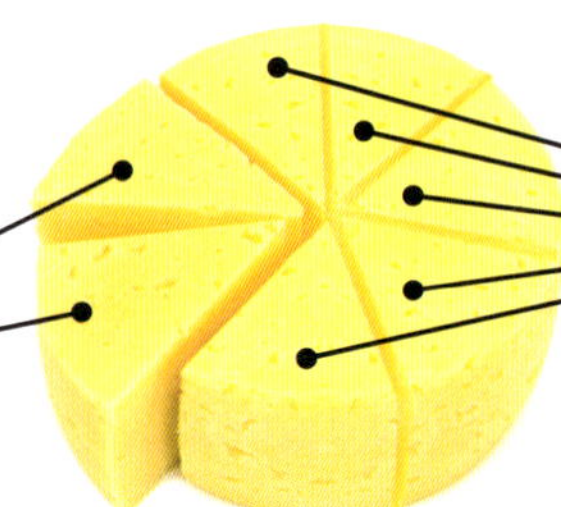

La parte del queso que desayuna Daniel es una fracción: «dos de siete». La parte del queso que sobra también es una fracción: «cinco de siete».

Así pues, la **fracción** es una parte de una **unidad.**

Actividades

1. Un grupo de amigos se reparte un bizcocho en partes iguales.

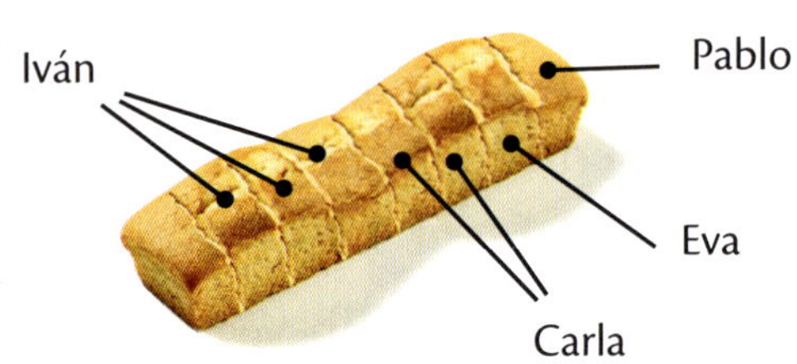

— Completa:

a. Carla come ... de los ... trozos.

b. Pablo y Eva comen ... de los ... trozos cada uno.

c. Iván come ... de los ... trozos.

2. Un equipo de baloncesto tiene 10 piezas de fruta para merendar. Paula, Alba y Marta cogen 1 pieza, mientras que Andrea, Luisa y Marina cogen 2 cada una. El resto no merienda. ¿Qué fracción del total de piezas de fruta han comido las niñas?

Representación de fracciones

Daniel quiere representar la fracción de camisetas verdes que tiene en su armario («**dos de seis**»). Puede hacerlo de varias formas:

En la recta numérica, divide el segmento que va del 0 al 1 en **seis** partes iguales. Después, marca **dos:**

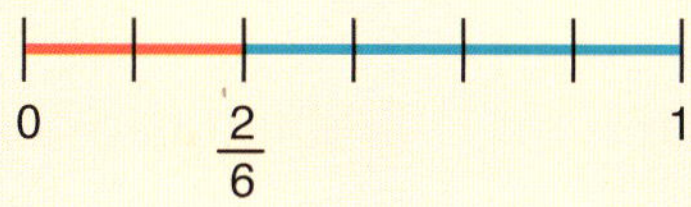

Podemos identificar la barra horizontal de una fracción con el signo de la división (:):

$$\frac{4}{6} = 4 : 6$$

Dibuja una forma plana y la divide en **seis** partes iguales. Después, colorea **dos** partes:

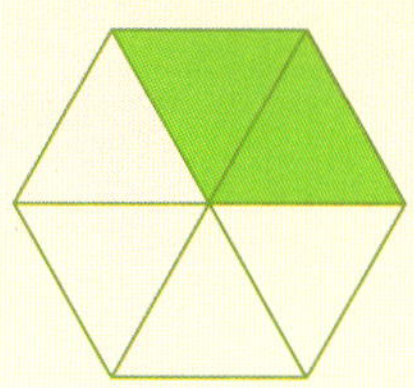

Escribe los dos números separados por una línea horizontal: abajo las **seis** camisetas que tiene en total y arriba las **dos** que son verdes.

$$\frac{2}{6} = 2 / 6$$

Numerador. Número de partes que se toman.

Denominador. Número de partes iguales en que se divide la unidad o total de los elementos de una colección.

Actividades

1. Fíjate en las camisetas de Daniel y escribe con números:
   a. Fracción de camisetas negras = $\frac{4}{6}$
   b. Fracción de camisetas blancas = $\frac{3}{6}$

2. Representa las dos fracciones del ejercicio anterior en:
   a. Una forma plana.
   b. La recta numérica.

3. Escribe con números la fracción correspondiente a la parte coloreada.
   a. 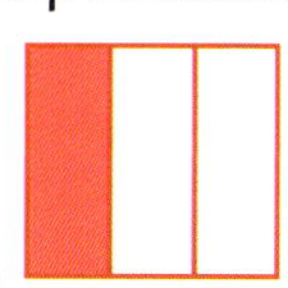
   b. 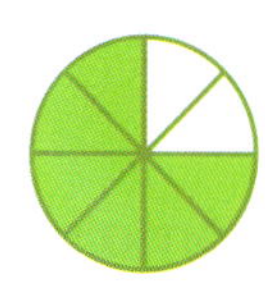

4. En un grupo de 9 amigos, 6 prefieren el fútbol; 2, el baloncesto, y 1, el voleibol. Representa gráficamente estos datos por medio de fracciones en una misma figura.

Lectura y escritura de fracciones

La madre de Edurne y Javier les dice que pueden comer «dos tercios» de una *pizza.*

Para leer o escribir una fracción, primero expresamos el número de partes seleccionadas y después el número de partes iguales en que se ha dividido la unidad. Así:

«Dos tercios» es la forma de leer la fracción: $\frac{2}{3}$

Si dividimos en dos partes, tenemos **mitades o medios:**

$\frac{1}{2}$ es una mitad o un medio.

Si dividimos en cuatro partes, tenemos **cuartos:**

$\frac{1}{4}$ es un cuarto.

Si dividimos en cinco partes, tenemos **quintos:**

$\frac{1}{5}$ es un quinto.

Actividades

1. Escribe en forma numérica:

a. Dos quintos = 2/5

b. Cuatro sextos = 4/6

c. Un tercio = 1/3

d. Cinco octavos = 5/8

2. ¿Cómo se leen estas fracciones?

a. 1/2 Un medio

b. 2/3 Dos tercios

c. 3/4 tres cuartos

d. 2/5 Dos quintos

e. 2/6 Dos sextos

f. 5/8 Cinco octavos

— Indica para cada una el numerador y el denominador.

3. Acierta las fracciones expresadas por escrito en el siguiente enlace:

https://links.edebe.com/8ciqkd

4. Ana ha leído 10 cómics. Tres quintos de los cómics eran de Mortadelo y Filemón. ¿Cuántos cómics de estos personajes ha leído? Ayúdate de un gráfico.

Comparación de fracciones

El padre de Ana ha comprado una docena de huevos para cocinar una tortilla de patatas. Puede usar la mitad de los huevos, un tercio o un cuarto. ¿Con qué opción utilizará más huevos?

La mitad de 12 es igual a dividir 12 entre 2:	Un tercio de 12 es igual a dividir 12 entre 3:	Un cuarto de 12 es igual a dividir 12 entre 4:
12/2 = 12 : 2 = 6	12/3 = 12 : 3 = 4	12/4 = 12 : 4 = 3

La mitad es mayor que un tercio, y un tercio es mayor que un cuarto:

$$\frac{1}{2} > \frac{1}{3} > \frac{1}{4}$$

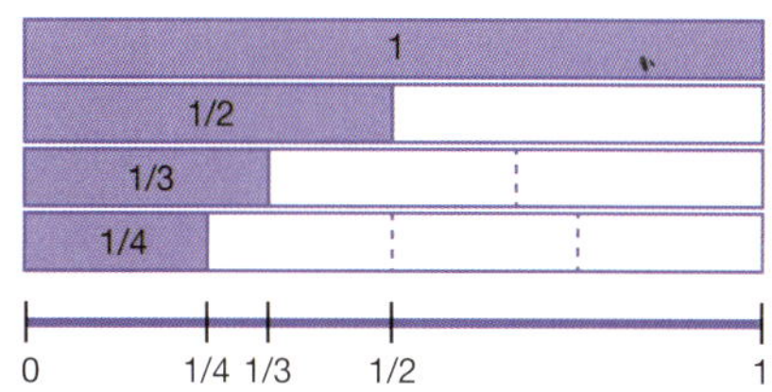

Una vez cocinada, el padre de Ana corta la tortilla en cuatro trozos iguales:

Observa que 1/4 < 2/4 < 3/4 < 4/4. Entre varias fracciones con **igual denominador,** es **mayor** la que tiene **mayor numerador.**

Actividades

1. Completa y calcula:

a. La mitad de 24 es:

24/2 = 24 : 2 = ...

b. La tercera parte de 24 es:

24/3 = ... : 3 = ...

c. La cuarta parte de 24 es:

24/4 = ... : ... = ...

2. Completa con los signos > o <:

a. 1/3 ... 1/2

b. 1/3 ... 1/4

c. 1/2 ... 1/4

d. 1/1 ... 1/3

3. Ordena de menor a mayor:

3/5, 1/5, 5/5, 0/5, 4/5, 2/5

— Comprueba el resultado con los bloques lógicos de fracciones.

4. Observa con atención dos dados y aplica la destreza *Analogía* para escribir las siguientes fracciones:

a. Las caras de número par.

b. Las caras de número impar.

— ¿Cuál es mayor?

Kilogramo y gramo

¿Has pedido alguna vez fruta en la frutería? Observa la siguiente imagen:

¿Cuánto vale un kilogramo de naranjas?

El **kilogramo (kg)** es la unidad fundamental de **masa.**

Para medir masas menores que el kilogramo, empleamos otra unidad: el **gramo (g).**

$$1 \text{ kg} = 1000 \text{ g}$$

Observa cómo pasar de una unidad a otra:

— De kilogramo a gramo, multiplicamos por 1000:
$3 \text{ kg} \rightarrow 3 \times 1000 = 3000 \text{ g}$

— De gramo a kilogramo, dividimos entre 1000:
$2000 \text{ g} \rightarrow 2000 : 1000 = 2 \text{ kg}$

Para expresar masas más pequeñas que el gramo, utilizamos el **miligramo (mg):**

$1 \text{ g} = 1000 \text{ mg}$

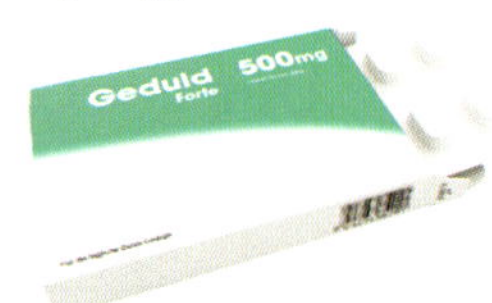

Actividades

1. Completa en tu cuaderno:

a. $42 \text{ kg} \rightarrow 42 \times 1000 = ... \text{ g}$

b. $50\,000 \text{ g} \rightarrow 50\,000 : 1000 = ... \text{ kg}$

c. $8 \text{ kg} = ... \text{ g} = ... \text{ mg}$

d. $7000 \text{ g} = ... \text{ kg}$

2. Pasa a gramos las siguientes medidas de masa y ordénalas de menor a mayor:

23 g　　4 kg　　0,5 kg

3. En la frutería de la imagen:

a. ¿Qué masa de naranjas marca la balanza?

b. Razona si son más caras las peras o los limones.

4. Pablo compró 5 kg de uvas y 2 kg de naranjas en la frutería de la imagen. Realiza las operaciones necesarias para saber cuánto pagó en total.

5. En el lenguaje cotidiano empleamos la palabra *pesar* en vez de *medir* la masa. ¿Cuánto pesas tú?

— Expresa la medida en kilogramos.

6. Aplica las equivalencias entre gramo y kilogramo con este juego:

https://links.edebe.com/fwt

Otras medidas de masa

En un libro de cocina, encontramos esta receta:

A veces nos resulta útil emplear fracciones de kilogramos para medir la masa en vez de kilogramos o gramos:

De la imagen podemos deducir que:

3/4 kg = 750 g

1/ 2 kg = 500 g

1/4 kg = 250 g

Actividades

1. Completa el esquema.

1/4 kg + 1/4 kg + ☐ + 1/4 kg

1/2 kg + ☐

☐

2. Relaciona cada medida con su equivalente en gramos.

3 paquetes de 1/2 kg	750 g
3 bolsas de 1/4 kg	500 g
1 caja de 1/2 kg	1000 g
2 bolsas de 2/4 kg	1500 g

A continuación, compara el valor de 750 g con los otros tres usando los signos > (mayor que) y < (menor que).

3. Observa la imagen superior de las balanzas con fracciones de kilogramo.

Aplica la destreza *Inferencia deductiva* para averiguar a cuántos gramos equivalen 1/2 kg + 1/4 kg.

— Di a cuántos gramos equivaldrán:

1/2 kg + 3/4 kg

4. Marta ha cogido un paquete de 1 kg de chocolate en polvo para prepararse una taza de chocolate para merendar.

— Observa este cálculo y redacta una pregunta para completar el enunciado:

1 kg − 1/4 kg = 3/4 kg

5. Organizaos en grupos de cuatro y entrad en el siguiente enlace para intentar equilibrar las balanzas:

https://links.edebe.com/r87

Litro y centilitro

Es habitual medir los líquidos por la capacidad del recipiente que los contiene, en lugar de por su masa. Si os fijáis en la etiqueta de un cartón de leche, seguramente veréis esta medida: 1 L.

El **litro (L)** es la unidad fundamental de **capacidad.**

Para medir la capacidad de recipientes más pequeños, como una lata de refresco, empleamos el **centilitro (cL):**

$$1\ \text{L} = 100\ \text{cL}$$

Para pasar de una unidad a otra, aplicamos:

—De litro a centilitro, multiplicamos por 100:

$$5\ \text{L} \rightarrow 5 \times 100 = 500\ \text{cL}$$

—De centilitro a litro, dividimos entre 100:

$$200\ \text{cL} \rightarrow 200 : 100 = 2\ \text{L}$$

Para expresar capacidades más pequeñas que el centilitro, utilizamos el **mililitro (mL):** 1 L = 1000 mL

Existen instrumentos graduados para medir la capacidad.

Actividades

1. Completa en tu cuaderno:

a. 25 L → 25 × 100 = ... cL

b. 3000 cL → 3000 : 100 = ... L

c. 7 L = ... cL

d. 1500 cL = ... L

e. 0,50 L = ... cL = ... mL

2. Indica en qué unidad expresarías la capacidad de los siguientes objetos:

3. Investiga la capacidad de los siguientes elementos de uso frecuente:

Lata de refresco, friegaplatos, detergente de lavadora y barril de gasolina.

—¿En qué unidad se expresa su capacidad?

—¿Podrías expresarla en otra diferente?

4. Durante un día en la montaña, Marcelo bebió 1400 mL de agua y Francisco, 210 cL.

a. Expresa ambas medidas en la misma unidad y responde: ¿quién bebió más agua?

b. Calcula la cantidad de agua que bebieron entre los dos.

Otras medidas de capacidad

¿Qué tipos de botella de agua conoces? Seguramente, estás acostumbrado a utilizar botellas de 1 L, de medio litro y de cuarto de litro.

Como sucedía en la medida de la masa, algunas veces resulta útil emplear fracciones de litro para medir la capacidad. Observa:

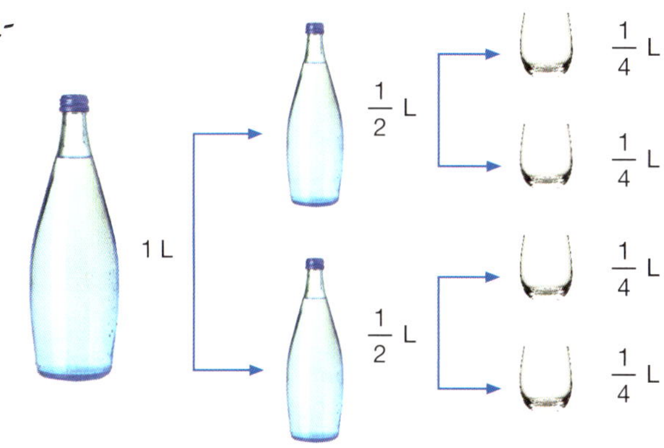

1/2 L = 50 cL = 500 mL   1/4 L = 25 cL = 250 mL

Este vídeo os ayudará a comprender las fracciones de litro y las relaciones entre ellas:

https://links.edebe.com/udp3t6

Actividades

1. Completa el esquema.

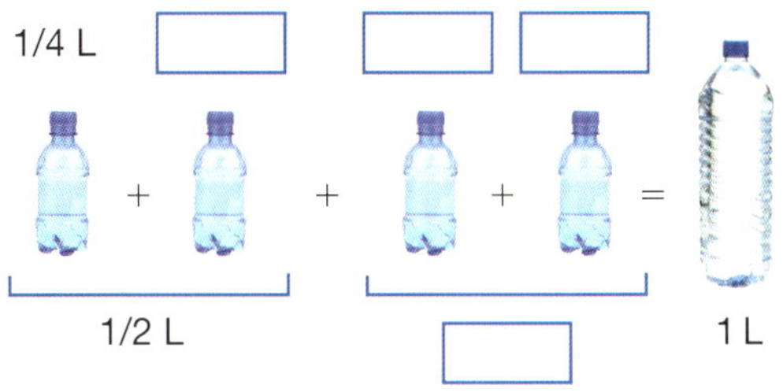

2. ¿Verdadero o falso? Corrige las respuestas falsas y ordena las capacidades de menor a mayor.

a. 500 cL = 1/2 L   c. 1/2 L = 5 cL

b. 3/4 L = 75 cL   d. 2/4 L = 500 mL

3. Compara las siguientes medidas de capacidad: 1/4 L y 200 mL. ¿Cuál es menor?

4. Realiza la siguiente actividad interactiva:

https://links.edebe.com/a882

5. En el frigorífico de la cocina de Paula, hay una botella de agua de 1/2 L entera. Paula tiene sed y se llena un vaso de 20 cL.

— Calcula los centilitros de agua que contiene ahora la botella del frigorífico.

Nota: Utiliza la calculadora para realizar los cálculos.

6. Gloria ha llenado 5 vasos de zumo con una jarra de 3/4 L que estaba llena. Si la jarra se ha quedado vacía, ¿qué capacidad tenía cada vaso?

MEDIDA

Estimación de medidas

Ana se va de viaje en avión. Solo le permiten llevar una maleta de mano de 10 kg como máximo.

¿Podrá llevar todos los objetos y las prendas de la imagen?

Nota: La masa de la maleta vacía es de 2 kg.

Para responder, no es necesario efectuar la suma exacta, sino que basta con hacer una estimación:

Estimar una medida es encontrar una aproximación a su valor lo suficientemente buena para que sea útil.

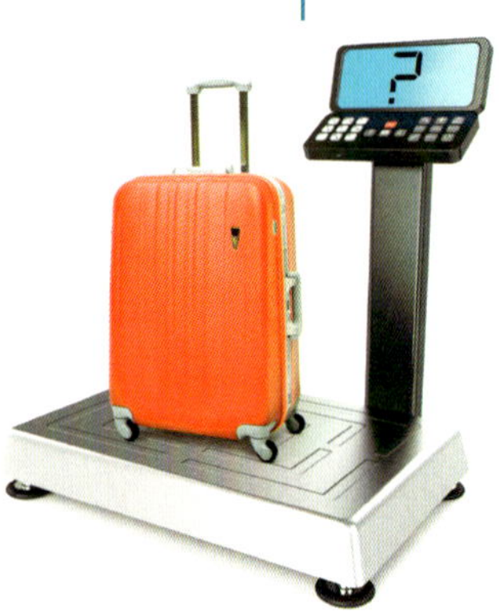

Si aproximamos la masa de los objetos a 1/4 de kg, obtenemos:

1200 g → 1 kg + 1/4 kg

800 g → 3/4 kg

550 g → 1/2 kg

2100 g → 2 kg

450 g → 1/2 kg

150 g → 1/4 kg

150 g → 1/4 kg

450 g → 1/2 kg

150 g → 1/4 kg

750 g → 3/4 kg

8 × 25 g → 1/4 kg

La masa total estimada es:

7 kg + 1/4 kg

Como la masa de la maleta es de 2 kg...

Actividades

1. En pequeños grupos, estimad la cantidad de agua que necesita Teo para regar las cuatro plantas aromáticas de su jardín (jazmín, hierbaluisa, lavanda y tomillo) durante un mes. Para ello, tened en cuenta que, para regar una, necesita:

— Tres regaderas y media (de 1,5 L) dos veces a la semana en primavera y verano.

— Una regadera y media (de 1,5 L) dos veces a la semana en otoño e invierno.

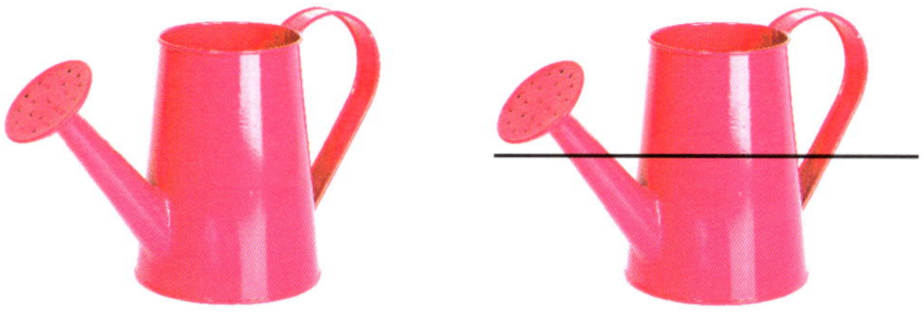

a. Buscad en Internet una fotografía de cada planta y guardadla.

b. ¿En qué época del año estamos? Seleccionad la medida de agua necesaria para regar.

c. Estimad, para cada planta, la cantidad de agua que necesita en una semana.

d. Un mes tiene aproximadamente cuatro semanas. ¿Cómo podéis estimar el resultado?

e. Por último, tened en cuenta que hay cuatro plantas. ¿Qué cantidad de agua total en litros habéis estimado?

f. Elaborad un mural digital para Teo con esta herramienta:

https://links.edebe.com/um6dz5

Incluid las fotografías y anotad la cantidad de agua estimada. ¡Compartidlo con los demás grupos de la clase!

GEOMETRÍA

Cuerpos geométricos

Observa las diversas clases de **cuerpos geométricos** que podemos encontrar en nuestro entorno:

Poliedros. Cuerpos geométricos que tienen todas sus caras planas.

Prisma. Tiene 2 bases y el resto de las caras son paralelogramos.

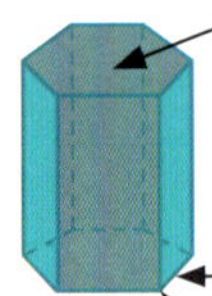

Pirámide. Tiene 1 base y el resto de las caras son triángulos.

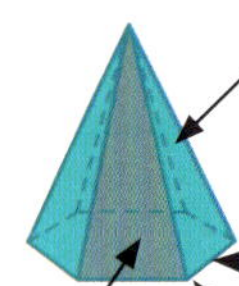

Cubo. Es un prisma con 6 caras cuadradas iguales.

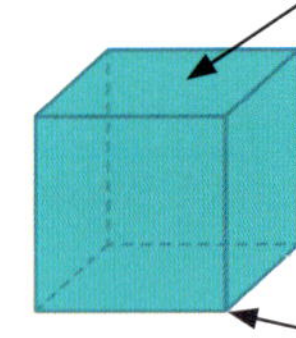

Cuerpos redondos. Cuerpos geométricos que tienen al menos una cara curva.

Cilindro

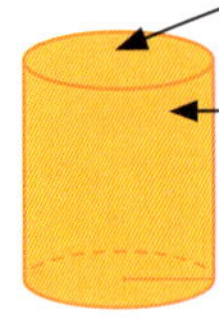

Cono

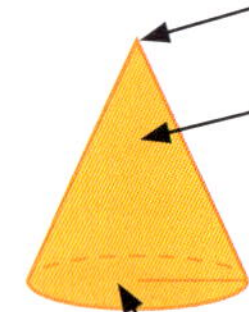

Esfera

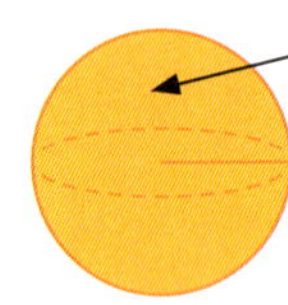

Actividades

1. Di qué tipo de cuerpo geométrico es cada uno de los siguientes objetos:

a.

b.

c.

— Identifica y cuenta sus vértices, aristas y caras.

2. Construye los cuerpos geométricos del ejercicio anterior a partir de su desarrollo plano.

a. Dibuja y recorta el desarrollo plano de cada uno.

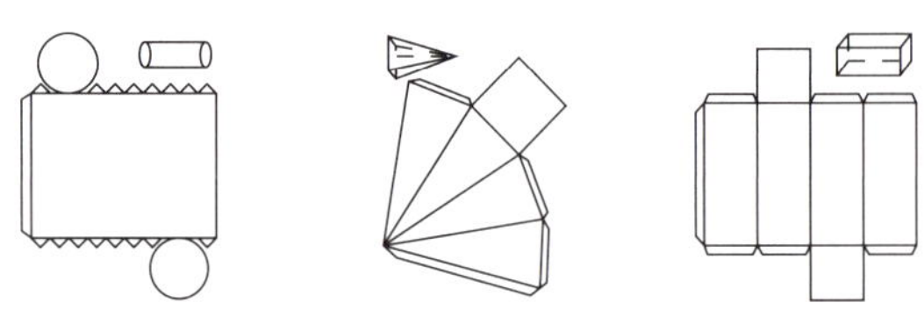

b. Nombra los cuerpos geométricos construidos. Coloréalos y... ¡a recortar y pegar!

Vistas totales y vistas parciales

Los objetos se pueden observar desde diferentes puntos de vista. Cuando los vemos completamente decimos que es una **vista total;** cuando no se tiene una visión total del objeto se dice que es una **vista parcial**.

Observa el siguiente objeto. Según desde dónde se mire, se ve con una forma u otra:

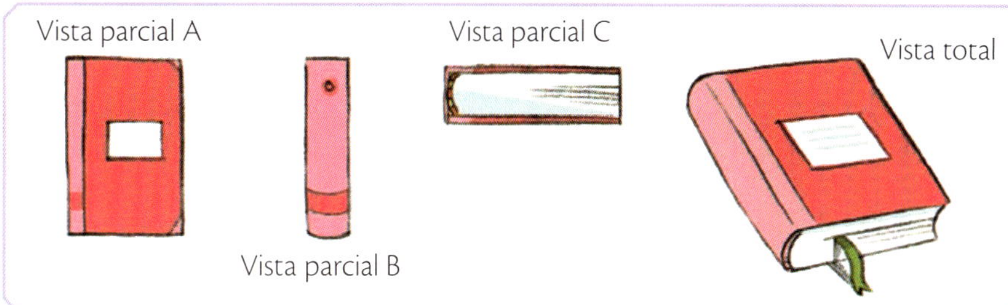

Reconocer las vistas parciales de los cuerpos geométricos

Los cuerpos geométricos tienen vistas parciales que se corresponden con diferentes **formas geométricas.**

La vista parcial **A** corresponde al prisma de base triangular y la vista parcial **B** corresponde al prisma de base rectangular. Los dos, sin embargo, comparten la vista parcial **C.**

Actividades

1. Observa las siguientes vistas parciales e identifica el objeto al que pertenecen:

a. Vista de perfil

b. Vista desde arriba

c. Vista frontal

2. Dibuja las vistas totales de los objetos del ejercicio anterior.

3. Dibuja tres vistas parciales de este objeto:

Desplazamiento de figuras: traslación

A partir de una figura, podemos obtener otra por traslación. Veámoslo:

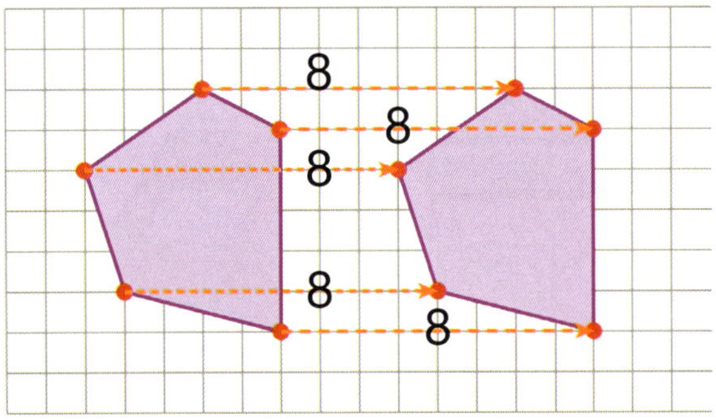

1.º Traslada un punto de la figura al lugar que quieras y mide la distancia.

2.º Traslada los otros puntos a esta distancia.

3.º Une los puntos.

Si superponemos una figura y su trasladada, coinciden en todos sus puntos.

Sabiendo trasladar polígonos por la cuadrícula, se pueden trasladar figuras más complejas o elementos sueltos. En este dibujo, por ejemplo, solo se ha desplazado la figura del coche.

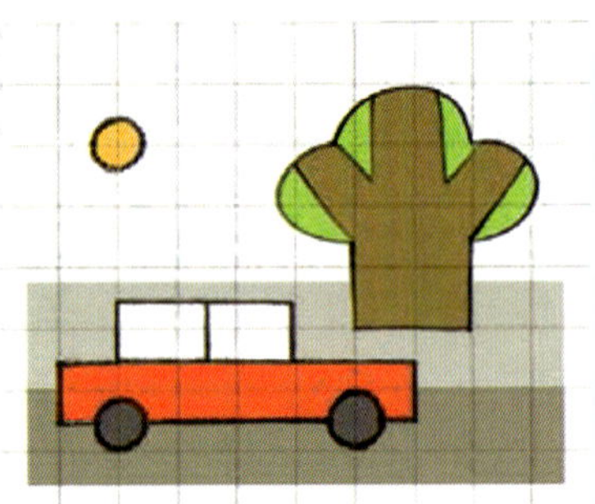

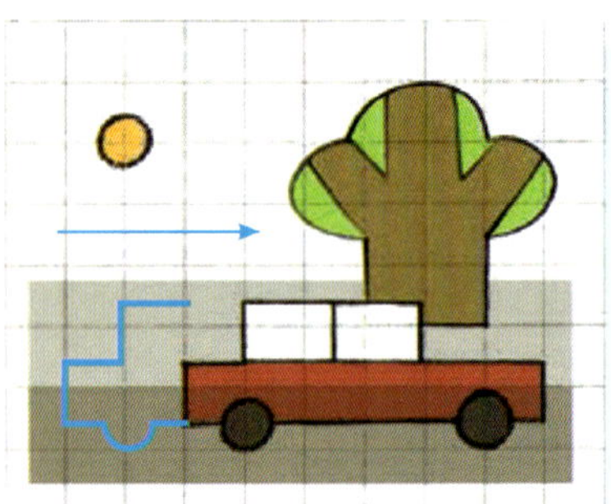

Actividades

1. Copia este barco en una cuadrícula y trasládalo diez cuadraditos hacia la derecha:

Para pensar

Cálculo mental

Calcula el **doble de un número:**

21 × 2

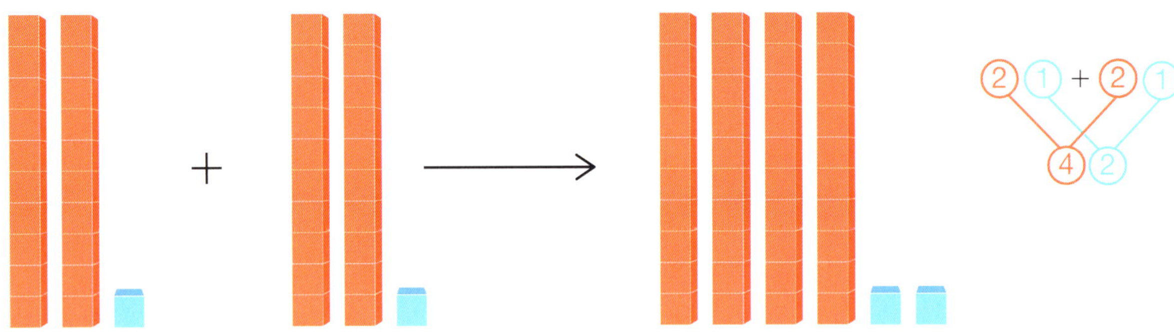

Estrategia: sumamos dos veces el número.

13 × 2 = ? Paso 1: 13 + 13 = 26 Respuesta: 13 × 2 = **26**

Calcula mentalmente

1. Completa:

a. 24 × 2 = 24 + 24 = ...

b. 31 × 2 = 31 + ... = ...

c. 9 × 2 = ... + 9 = ...

d. 46 × 2 = ... + ... = 92

— ¿Coinciden tus respuestas con las de tus compañeros?

2. Calcula:

a. 14 × 2

b. 23 × 2

c. 34 × 2

d. 16 × 2

3. ¿Cuál de las siguientes operaciones es incorrecta?

a. 22 × 2 = 22 + 2 = 24

b. 13 × 2 = 13 + 13 = 26

— ¿Por qué no está bien? Escríbela de forma correcta.

Cálculo mental

Observa cómo **multiplicar un número por una decena exacta** (20, 30, 40...):

3 × 30

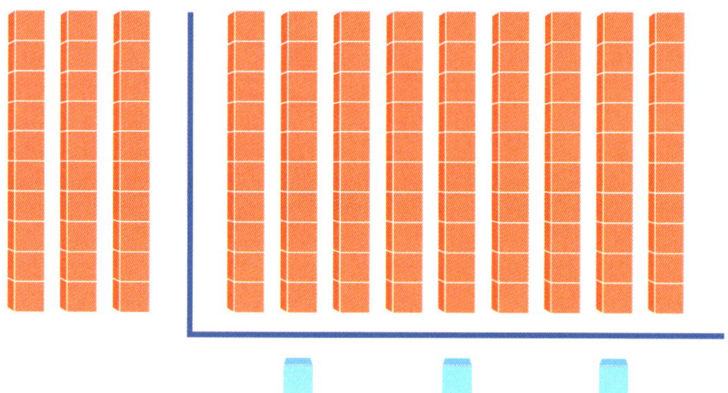

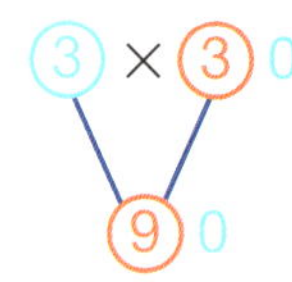

32 × 40 = ?

Paso 1: **32 × 4** = 128

Paso 2: Añadir un 0 → 128**0**

Respuesta: 32 × 40 = **1280**

Estrategia: multiplicamos el número por la cifra de las decenas (2, 3, 4...) y añadimos un 0 a la derecha.

Calcula mentalmente

1. Calcula:

a. 7 × 30 = 21...

b. 5 × 80 = ...

c. 12 × 40 = ...

d. 61 × 90 = ...

2. Completa con la decena exacta que corresponda en cada caso.

a. 5 × ... = 250

b. 10 × ... = 800

c. 15 × ... = 300

3. Revisa esta operación y corrígela si es necesario:

300 × 40 = 120

Cálculo mental

Para **multiplicar un número por 10, 100 y 1000:**

13 × 10

13 × 10 = 130

13 × 100

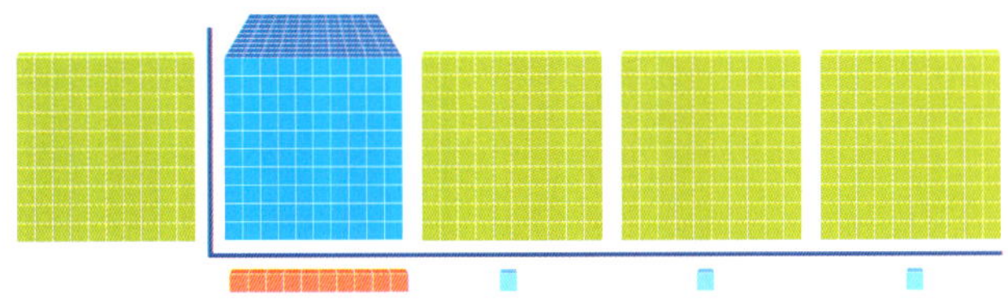

13 × 100 = 1300

Estrategia: añadimos tantos 0 al número como tiene el factor.

225 × 10 = ?

Paso 1: 225

Paso 2: Añadir un 0 → 225**0**

Respuesta: 225 × 10 = **2250**

48 × 1000 = ?

Paso 1: 48

Paso 2: Añadir tres 0 → 48**000**

Respuesta: 48 × 100 = **48 000**

Calcula mentalmente

1. Calcula:

a. 89 × 10

b. 560 × 100

c. 123 × 100

d. 31 × 1000

2. Completa esta tabla:

×	10	100	1000
11			
105			
345			

Cálculo mental

Para **sumar 99** a un número:

217 + 99

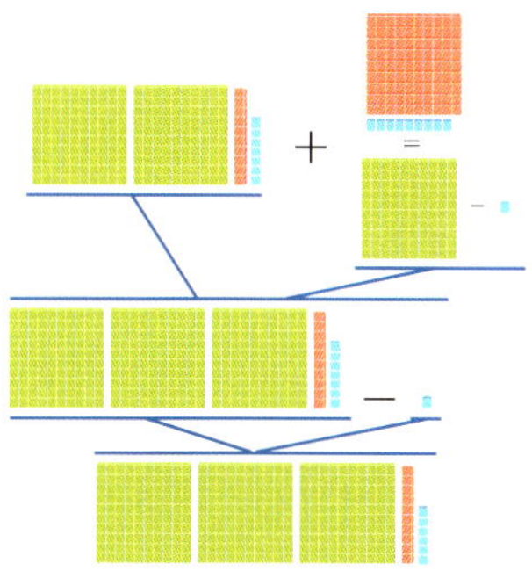

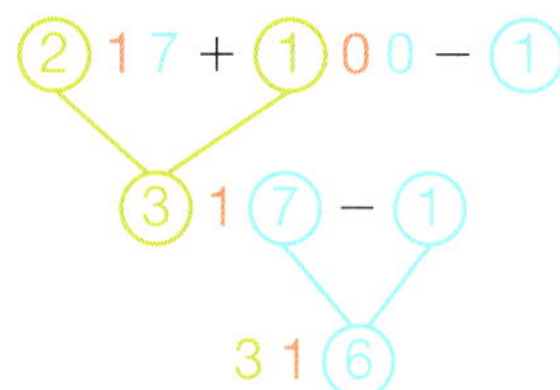

Estrategia: sumamos 1 a las centenas y restamos 1 a las unidades.

364 + 99 = ?

C C

Paso 1: 364 + 100 = 464

U U

Paso 2: 464 − 1 = 463

Respuesta: 364 + 99 = **463**

Para **restar 99** a un número:

236 − 99

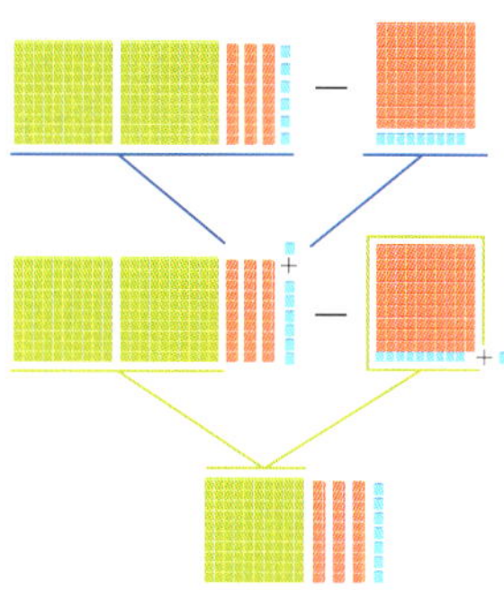

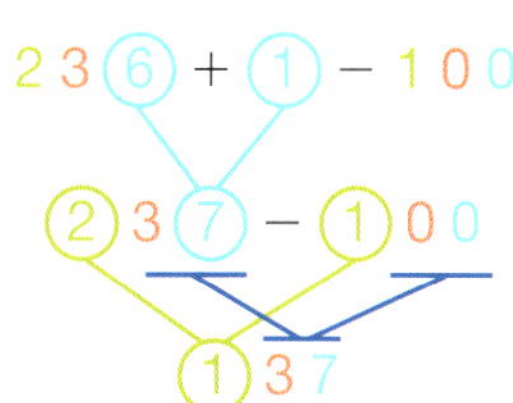

Estrategia: sumamos 1 a las unidades y restamos 1 a las centenas.

524 − 99 = ?

C C

Paso 1: 524 − 100 = 424

U U

Paso 2: 424 + 1 = 425

Respuesta: 524 − 99 = **425**

Calcula mentalmente

1. Calcula:

a. 172 + 99 = 172 + 100 − 1 = ...

b. 172 − 99 = 172 − 100 + 1 = ...

c. 565 + 99 = ...

d. 413 − 99 = ...

2. Completa:

a. 193 ... 99 = 292 b. 453 ... 99 = 354

3. Completa la tabla.

	127	**109**	**456**	**851**
+99				
−99				

Cálculo mental

Para **dividir entre tres números cuyas cifras son múltiplos de 3:**

36 : 3

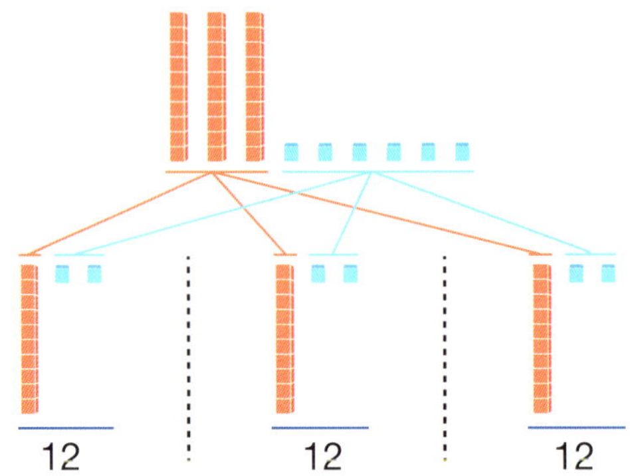

Estrategia: calculamos el tercio de cada cifra.

9693 : 3 = ?

UM → UM
Paso 1: 9693 : **3** → 3

C → C
Paso 2: 9693 : **3** → 32

D → D
Paso 3: 9693 : **3** → 323

U → U
Paso 4: 9693 : **3** → 3231

Respuesta:
9693 : 3 = **3231**

Calcula mentalmente

1. Calcula y completa:

a. 63 : 3 = 2 ...

b. 363 : 3 = 1 ......

c. 9936 : 3 = ...

d. 6936 : 3 = ...

2. Relaciona cada división con su resultado.

a. 33:3

b. 999 : 3

c. 3936 : 3

d. 609 : 3

A. 203

B. 11

C. 1312

D. 333

Para resolver

Simplificación

Calcula, sin contarlas, cuántas casillas negras tiene un tablero de ajedrez.

Leer el enunciado del problema y completar los datos:
Debes calcular ... de un tablero de ajedrez.

Analizar la figura con atención:
El tablero de ajedrez tiene forma de ... y presenta ... filas y ... columnas. Cada fila y cada columna tienen ... casillas.

Simplificar el problema:
Selecciona una de las 8 filas y cuenta su número de casillas negras:

— Cada una de las filas tiene ... casillas negras.

Como el tablero tiene 8 filas: ... casillas negras × ... filas = ... casillas negras

Respuesta: El tablero de ajedrez tiene ... casillas negras en total.

Revisar los pasos seguidos y comprobar las operaciones:

— ¿Te parece útil simplificar el problema para resolverlo?

— ¿Podríamos haber simplificado el problema de otra forma? ¿Cómo?

Resuelve siguiendo el modelo anterior

1. Calcula, sin contarlos, cuántos soles contiene la tabla:

2. Determina cuántos zapatos hay en una sala de cine llena que tiene 15 filas de butacas con 12 butacas por fila.

En papel cuadriculado, dibuja una figura formada por 24 cuadrados que sea simétrica, de forma que se pueda calcular este número multiplicando por 4 una parte de la figura. Exponed vuestros dibujos en la pared del aula.

Tabla o esquema

En el patio de un colegio hay 21 árboles, de los cuales 15 tienen hojas. ¿Cuántos árboles sin hojas hay en el patio?

Leer el enunciado del problema y completar los datos:

— Hay ... árboles en total.

— ... árboles tienen hojas.

— Debes calcular ...

Dibujar un esquema con los datos y la operación:

Completa el dibujo y el esquema:

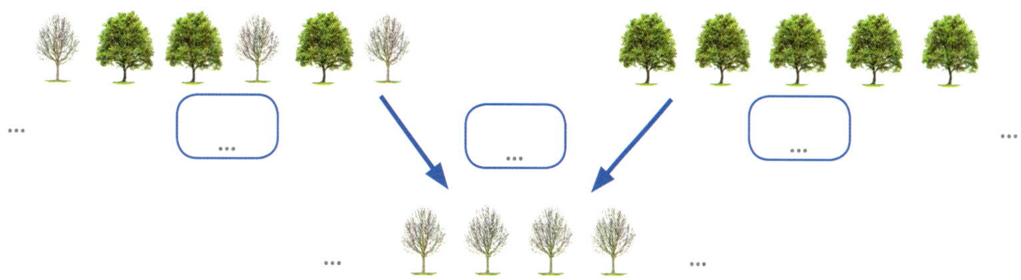

Completar la operación y explicarla:

Operación: ... (...) ... = ... árboles sin hojas

Respuesta: En el patio hay ... árboles sin hojas.

Revisar los pasos seguidos y comprobar la operación:

— ¿Cómo has llegado a esta solución?

— Observa el esquema de tu compañero o compañera y explica en qué se diferencia del tuyo.

Resuelve siguiendo el modelo anterior

1. En la fiesta de cumpleaños de Martín había 15 globos atados juntos y 7 globos sueltos. ¿Cuántos globos había en total?

2. Andrea tenía una bolsa con 100 caramelos y repartió 35 entre sus amigos. ¿Cuántos caramelos le quedaron?

Inventa el enunciado de un problema que se pueda responder con el siguiente esquema:

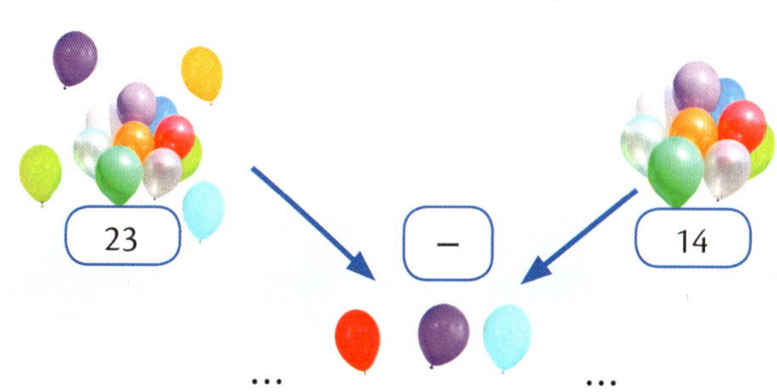

Estimación

Fíjate en esta imagen y estima, por comparación, la longitud del cojín.

Leer el enunciado del problema y completar los datos:

— El sofá mide ...

— Debes estimar ...

Estimar en la fotografía cuántos cojines caben en el sofá:

Recorta un trozo de papel con la misma longitud que el cojín o marca en una tira de papel lo que ocupa el cojín. Desde un extremo del sofá, cuenta las veces que debes colocar el trozo de papel para llegar al otro extremo.

— En el sofá caben ... cojines.

Estimar la longitud aproximada del cojín:

Divide la longitud del sofá entre el número de cojines que cabrían en él:

— Longitud del sofá: ... cm

— Longitud del cojín: ... : ... = ... cm

Respuesta: El cojín mide ... cm aproximadamente.

Revisar los pasos y comprobar las estimaciones:

— ¿Te parece posible el resultado que has estimado?

Resuelve siguiendo el modelo anterior

1. En el siguiente enlace, estima la longitud de los bloques necesarios para salvar los huecos en el camino del corredor y ayúdalo a recorrer la mayor distancia posible:

https://links.edebe.com/ikcvw

Inventa el enunciado de un problema de estimación para cada uno de los siguientes resultados: **a.** 5 L; **b.** 2 kg; **c.** 100 €; **d.** 3000 m. Poned en común algunos de los enunciados.

Completar un enunciado a partir de la operación

Un senderista quiere ir desde una fuente hasta un albergue. Antes de empezar su recorrido, ha trazado este croquis en su cuaderno:

Obsérvalo y completa el enunciado del problema teniendo en cuenta los datos y la operación que ha anotado.

Completar los datos a partir de la figura:

— La altitud de la fuente es ...

— La altitud del albergue es ...

Analizar los datos y la operación que se ha efectuado:

El senderista ha restado la altitud del albergue y la de la fuente: ... − ... = ...

Completar el enunciado del problema teniendo en cuenta los datos anteriores:

Pensamos a qué puede dar respuesta la operación.

Un senderista quiere ir desde una fuente hasta un albergue. Antes de empezar su recorrido, ha trazado este croquis en su cuaderno. Calcula ...

Revisar los pasos que hemos seguido:

— ¿Qué te ha ayudado a saber cómo completar el enunciado?

— ¿Se parece al de tus compañeros?

Resuelve siguiendo el modelo anterior

1. Jorge ha ido a ver a sus amigos a jugar un partido de baloncesto. La suma de sus resultados parciales en cada cuarto es: 14 + 18 + 11 + 25, mientras que la suma de los del otro equipo es: 13 + 20 + 14 + 20. Completa el enunciado.

Redacta el enunciado de un problema que se pueda resolver con esta operación:

12 + 6 − 2 = 16

— Por turnos, leed en voz alta los distintos enunciados.

Dibujos o croquis

El autobús que lleva a Carla al colegio hace un recorrido rectangular. Sale de enfrente de su casa y recorre 5 km en línea recta hasta la siguiente parada.

Gira 90° hacia la derecha para continuar en línea recta hasta una nueva parada, que está a 3 km de la anterior.

Vuelve a girar 90° hacia la derecha y recorre otros 5 km en línea recta hasta el colegio. Después de que Carla se baje, el autobús vuelve a pasar por delante de su casa.

— Calcula la distancia que recorre el autobús en cada vuelta.

Leer el enunciado del problema y completar los datos:

— El recorrido del autobús tiene forma de ...

— Las distancias entre paradas son de ... km, ... km y ... km.

— Debes calcular la ... total recorrida en cada vuelta.

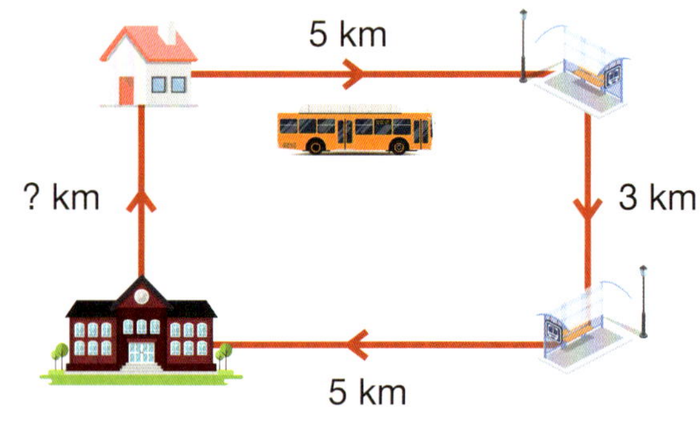

Dibujar un croquis que represente los datos anteriores:

Representar la operación que debe efectuarse y resolverla:

La distancia recorrida es el perímetro del rectángulo: 5 + 3 + ... + ... = ... km

Respuesta: El autobús recorre ... km en cada vuelta.

Revisar los pasos seguidos y comprobar la operación:

— ¿Cómo has averiguado la operación que debías hacer?

Resuelve siguiendo el modelo anterior

1. Una rana salta de piedra en piedra recorriendo un triángulo equilátero de 4 m de lado. ¿Cuántos metros recorre en cada vuelta? Dibuja un croquis que te ayude en la resolución.

Dibuja el croquis de un huerto rectangular que tenga al menos dos datos. A continuación, redacta el enunciado de un problema que se pueda resolver con tu croquis. Poned en común algunos de los croquis y enunciados en clase.

Para practicar

Numeración

1. Escribe tres formas distintas de obtener estas cantidades con monedas y billetes:

a. 87 €

b. 259 €

c. 786 €

d. 1245 €

2. Estima, aproximando a las decenas, las siguientes sumas y relaciónalas con uno de los resultados propuestos:

Sumas	Resultados
42 + 36	630
25 + 60	90
152 + 481	760
337 + 422	80

3. En un bloque de pisos viven cuatro familias. Cada año generan, respectivamente, 692, 1383, 922 y 1844 kg de basura. Estima, aproximando a las centenas, cuánta basura generan al año entre todas las familias.

4. Fíjate en las distintas formas de repartir 6 caramelos en bolsas:

— En 1 bolsa de 6 caramelos.

— En 2 bolsas de 3 caramelos.

— En 3 bolsas de 2 caramelos.

— En 6 bolsas de 1 caramelo.

Haz todos los repartos posibles, sin que sobre ningún caramelo de:

a. 8 caramelos en bolsas

b. 12 fresas en platos

c. 18 rotuladores en estuches

5. Determina gráficamente:

a. La mitad de: 6, 24 y 50

b. Un tercio de: 6, 12 y 21

c. Un cuarto de: 12, 24 y 32

6. Calcula:

a. 15 : 3

b. 40 : 5

c. 42 : 7

d. 81 : 9

7. Completa estas divisiones para que sean exactas:

a. 28 : ... = 4

b. 63 : ... = 9

c. ... : 8 = 5

d. ... : 6 = 9

8. Practica las divisiones en:

https://links.edebe.com/qkqpe

9. Forma cuatro divisiones con estos términos y resuélvelas:

a. Dividendos: 49 y 58

b. Divisores: 6 y 7

10. Completa esta tabla:

Dividendo	Divisor	Cociente	Resto
20		4	0
49		6	1
	9	9	4
38	5		

11. Utilizad la técnica cooperativa *Estructura 1-2-4* para escribir las divisiones que se relacionan con cada una de las tablas de multiplicar (del 1 al 9).

12. Comprueba y corrige:

a. 57 |6 — resto 1, cociente 9

b. 32 |4 — resto 4, cociente 7

13. Escribe las divisiones a las que corresponden estas pruebas:

a. $8 \times 5 + 0 = 40$

b. $9 \times 3 + 2 = 29$

c. $8 \times 9 + 4 = 76$

14. Un grupo de 18 amigos va de fin de semana a la montaña y dispone de 6 tiendas de campaña para dormir. ¿Cómo deben repartirse si en cada tienda ha de dormir el mismo número de personas?

15. Mario ha trabajado 7 h en un supermercado y ha cobrado 63 €. Blanca trabajó 5 h en una peluquería y cobró 40 €.

a. ¿Quién gana más dinero por hora de los dos?

b. ¿Cuál es la diferencia entre el sueldo por hora de Blanca y el de Mario?

16. En un comercio han obtenido un beneficio de 48 € que deben repartirse entre 5 socios.

a. ¿Cuánto obtendrá cada uno?

b. ¿Cuánto dinero sobra?

c. ¿Cuál tendría que ser el beneficio para que a cada uno le tocaran 10 € y sobraran 3 €?

— Indica los términos de las divisiones.

17. Ángela tiene 24 monedas de 1 € y las quiere agrupar en paquetes iguales. ¿De cuántas formas diferentes puede hacerlo sin que sobren monedas?

18. Alexia quiere repartir 97 muestras comerciales entre 9 de sus clientes. Entregará 10 a cada uno y calcula que todavía le sobrarán 6. ¿Está en lo cierto?

19. Ordena las siguientes divisiones de mayor a menor resto:

a. 43 : 2

b. 66 : 4

c. 59 : 3

d. 84 : 5

e. 89 : 7

f. 99 : 6

20. Completa estas divisiones para que sean exactas:

a. 68... |3 — cociente 227

b. 92... |5 — cociente 184

c. 48... |2 — cociente 243

d. 76... |4 — cociente 192

21. Lucía quiere leer un libro de 84 páginas en 3 días leyendo cada día el mismo número de páginas. ¿Cuántas leerá cada día?

22. Fíjate en este grupo de bolas y completa:

a. 2 de las ... bolas son rojas.

b. ... de las 8 bolas son verdes.

c. ... de las ... bolas es azul.

d. ... de las ... bolas son ...

23. Escribe las expresiones del ejercicio anterior en forma de fracción.

24. Escribe las fracciones que corresponden a las partes coloreadas de estas figuras:

— Indica el numerador y el denominador de cada fracción.

25. Relaciona cada fracción con su representación en este enlace:

https://links.edebe.com/8bc7

26. Representa en una recta numérica estas tres fracciones: un medio, un tercio y un cuarto.

27. Escribe las fracciones que aparecen en estas frases:

a. El atleta ha corrido dos tercios de la carrera.

b. Cuatro quintos de los platos de un restaurante llevan sal.

c. Dos séptimos de los pasajeros de un tren leen un libro.

28. Escribe y di en voz alta cómo se leen:

a. 1/4 b. 2/3 c. 6/9

29. Completa y calcula:

a. 18/2 = ... : ... = ...

b. 21/3 = ... : ... = ...

c. 40/5 = ... : ... = ...

30. Calcula:

a. La mitad de 8, 22, 48 y 80.

b. Un tercio de 18 y 33.

c. Un cuarto de 16 y 40.

31. Ordena estas fracciones de menor a mayor con el signo $<$:

$$\frac{1}{3} \; ; \; \frac{1}{1} \; ; \; \frac{1}{4} \; ; \; \frac{1}{2}$$

32. Juega a ordenar fracciones en:

https://links.edebe.com/fttr

33. En una clase, 7 de los alumnos duermen entre 8 y 9 h diarias; 12 alumnos duermen entre 9 y 10 h diarias, y los 8 restantes, más de 10 h.

a. ¿Qué fracción de los alumnos duerme entre 8 y 10 h?

b. Representa esta fracción en una recta numérica, con una figura geométrica y de forma numérica.

34. En una clase de música hay 12 alumnos. La mitad toca la guitarra y un tercio, el violín.

— ¿Qué instrumento tocan más alumnos?

Medida

1. Completa la siguiente tabla de equivalencias de masa:

kg	g
	2000
8	
0,5	
	600
14	
	100

2. Calcula:

a. 12 kg + 4000 g
b. 8 kg − 1000 g
c. 68 kg − 18 000 g
d. 7 g + 1000 mg

3. Compara las siguientes parejas de medidas, colocando el signo > o < entre ellas:

a. 23 kg ... 24 000 g
b. 1/2 kg ... 5000 g
c. 250 g ... 3/4 kg
d. 4 g ... 4100 mg

4. Relaciona cada recipiente con el conjunto de recipientes que sumen la misma capacidad.

5. Tacha en cada caso la medida de capacidad que no sea equivalente al resto.

a. 2 L, 250 cL y 2000 mL
b. 5 L, 500 cL y 5500 mL
c. 1000 cL, 10 000 mL y 1 L
d. 3/4 L, 750 mL y 70 cL

6. Calcula:

a. 12 L + 100 cL
b. 500 cL − 4 L
c. 68 L + 18 000 cL + 2 L
d. 200 cL + 40 000 mL − 12 L

7. Compara las siguientes parejas de medidas, colocando el signo > o < entre ellas:

a. 1 L ...... 3/4 L
b. 2/4 L ...... 600 cL
c. 0,4 L ...... 1/2 L
d. 5000 mL ...... 4 L

8. Indica qué puedes medir con los siguientes instrumentos y pon un ejemplo de una medida para cada uno (cifra + unidad):

a.
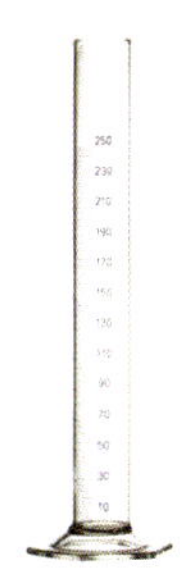

b.
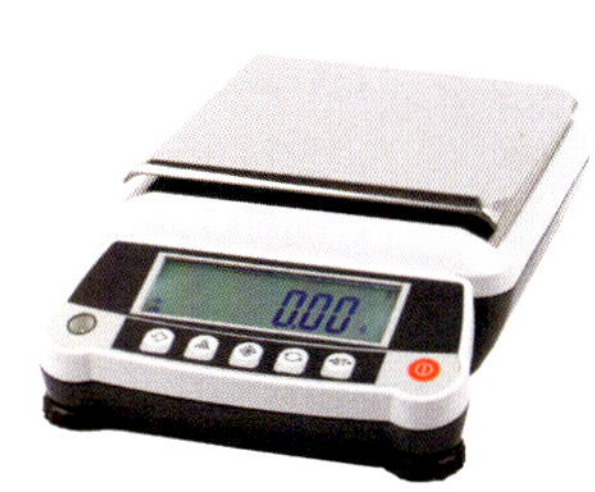

9. Entra en este enlace y practica las unidades de masa:

https://links.edebe.com/jk7

— ¿Qué has aprendido que no supieras?

10. En el cumpleaños de Noa había una tarta de 1 kg. Entre ella y su amiga Lucía se comieron un cuarto de la tarta, y los demás invitados se comieron la mitad. ¿Cuánta tarta sobró?

— Expresa el resultado como fracción de kilogramo y en gramos.

Nota: Utiliza la calculadora para realizar los cálculos en gramos.

11. Por grupos y con ayuda de tu maestro o maestra, construid una balanza casera siguiendo estas instrucciones:

https://links.edebe.com/xs5x26

— Usadla para comparar masas de diferentes objetos que estén en el aula.

12. El maestro o maestra elegirá tres objetos:

a. Estima la masa de cada objeto empleando la unidad que creas más adecuada.

b. Con la ayuda del maestro o maestra, medid con una balanza la masa del objeto.

c. ¿Era bastante acertada tu aproximación?

— Haced lo mismo para estimar la capacidad de distintos recipientes llenos de bebida, con ayuda de un vaso de medidas graduado.

13. Inventa el enunciado de un problema que pueda resolverse con la estrategia de simplificación y que presente los siguientes datos:

5 L — 200 g

14. Observa las siguientes imágenes de los líquidos que ha bebido en el desayuno y en la comida la familia de Marta:

— Aplicad la técnica de trabajo cooperativo *Rompecabezas* para estimar la cantidad total de líquido que ha bebido esta familia.

Geometría

1. Completa esta tabla:

Cuerpos redondos	……………	Tiene 1 base circular.
	……………	Tiene 2 bases circulares.
	……………	No tiene base.
……………	Prisma	……………
	……………	……………

2. Una lata de refresco tiene forma de cilindro.

a. ¿Cuántas caras tiene?

b. ¿Qué forma tienen sus bases? ¿Cuántas son?

c. Dibújalo e indica sobre una de sus bases: circunferencia, círculo, radio y diámetro.

Matemáticas y arte solidarios

Un proyecto APS para concienciar de los problemas sociales con las matemáticas y el arte.

EL RETO

Detectamos un problema

1. Observad estas situaciones, ¿qué os sugieren?

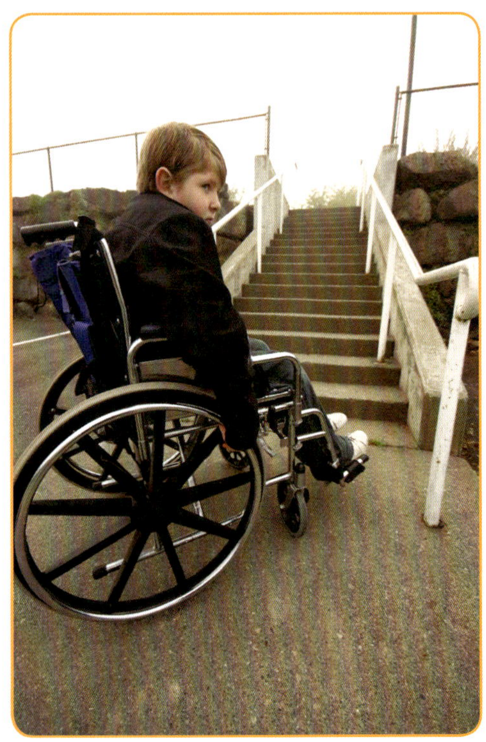

Después de reflexionar sobre ellas, en grupos de cuatro contestad a estas preguntas:

- ¿Qué veis?
- ¿Qué pensáis al ver estas imágenes?
- ¿Cómo os sentís al observar estas situaciones?
- ¿Qué tienen en común estas fotografías?

Buscamos soluciones

2. Pensad sobre las siguientes preguntas:

- ¿Podéis vosotros ayudar de algún modo a estas personas?
- ¿Cómo se pueden dar a conocer estas situaciones?

— Los artistas utilizan sus obras para mostrar distintas situaciones y sus sentimientos:

- ¿Pintando un cuadro podemos mostrar alguna de estas situaciones?
- ¿Las matemáticas nos pueden ayudar a pintar un cuadro?

— Comentad con el resto de la clase y escribid las ideas que hayan surgido.

¡Usemos las matemáticas para organizar una exposición que dé a conocer los problemas sociales con nuestros propios cuadros!

¿Cómo nos organizamos?

3. En grupos, asignaros un rol y definid las tareas de cada miembro. Estos son ejemplos de posibles roles, por si os sirven:

Coordinador/ Coordinadora
- Responsabilizarse del material.
- Repartir las tareas.

Portavoz
- Hablar en nombre del grupo.
- Preguntar las dudas del grupo.

Secretario/Secretaria
- Anotar el trabajo hecho en grupo.
- Comprobar que todos cumplen su tarea.

Moderador/Moderadora
- Controlar el nivel de ruido.
- Animar a la participación de todos los compañeros del grupo.

Miembros del equipo	Tareas

INVESTIGAMOS

¿Qué sabemos?

4. Poned en común lo que sabéis sobre los siguientes temas:

Vuestro entorno:

- Situaciones de pobreza o de injusticia que veis en vuestro barrio o ciudad.
- Cómo se puede dar a conocer a otros la existencia de estas situaciones.

El arte:

- Cómo emplean los artistas sus cuadros y sus obras para comunicar situaciones.
- Emociones que expresan las obras de arte.

Las matemáticas:

- Formas geométricas que conocéis.
- Operaciones matemáticas para calcular cantidades y espacios.

¿Qué necesitamos saber?

¿Sobre qué vais a pintar?

¿Cómo se organiza una exposición?

¿Cómo podéis utilizar formas geométricas para crear vuestro cuadro?

¿Qué más necesitáis saber para poner en marcha vuestro reto?

5. Analizamos obras de arte para ver cómo hacen los artistas para expresar sus emociones mediante el arte.

Fijaos en estos cuadros y comentad:

- ¿Qué creéis que ha querido expresar el artista con esta obra?
- ¿Qué pensáis que representa?
- ¿Qué sentimientos os transmite?
- ¿Qué figuras geométricas usa? ¿Cuántas de cada tipo?

Ahora os toca a vosotros. ¡Es el momento de convertiros en artistas!

Primero de todo, pensad qué vais a representar. De las situaciones de dificultad que habéis detectado en vuestro entorno, barrio o ciudad, elegid una. Ahora tenéis que decidir cómo la mostraréis. ¿Qué colores y formas geométricas creéis que serán las mejores para transmitir vuestra idea?

CREAMOS

6. **¡Creamos el cuadro! Podéis emplear como modelo alguno de los que habéis visto, aportándole vuestro toque personal, o crear con diferentes materiales y hacer composiciones.**

Aquí tenéis un enlace que os puede ayudar respecto a técnicas de pintura y mezclas de colores:

https://links.edebe.com/agij

Pensad en todo lo que necesitáis para crear el cuadro:

- Materiales: cartulina, rotuladores y pinturas, témperas, etc.
- Recursos informáticos: ordenador, tableta, direcciones de Internet, etc.

Al final, haced un cartel con su título y anotad el nombre del artista que lo ha creado... ¡Tú!

7. ¡Un concurso para valorar cada cuadro! Este valor se puede canjear por ayudas solidarias. Seguid estas indicaciones:

Se puntuarán los cuadros en función del número y de la variedad de las figuras geométricas que aparezcan de la siguiente manera:

- Las formas planas obtendrán 1 punto por cada uno de sus lados.
- Los cuerpos geométricos obtendrán 3 puntos por cada una de sus aristas.

¡Muy importante! Para entrar en concurso, en el cuadro se tiene que reconocer la idea que se quiere mostrar.

Los puntos obtenidos podrán canjearse por ayudas solidarias como:

- Comida en la campaña solidaria: un paquete de arroz por punto o una botella de aceite cada 5 puntos, por ejemplo.
- Una recaudación económica para el proyecto de una ONG ¡si decidís cambiar los puntos por euros!
- Cualquier otra idea que tengáis.

8. Solo faltan los últimos cálculos y preparativos:

- Localizad lugares en el colegio con espacio suficiente para realizar la exposición de todos vuestros cuadros y haced los cálculos necesarios para saber el tamaño mínimo de vuestra sala de exposición.
- Pedid los permisos para utilizar la sala y buscad los materiales necesarios para vuestro proyecto.
- Organizad las acciones publicitarias que vais a realizar: carteles, avisos en las clases, etc.
- Cuando sepáis la capacidad máxima de asistentes y el horario, haced una estimación de la cantidad de personas que podrían visitar la exposición.

PRESENTAMOS

9. ¡Ha llegado el gran día!

Para preparar la exposición, distribuios las tareas y las funciones:

- Colocar los cuadros en la sala de exposición.
- Organizar la entrada y salida de los visitantes.
- Preparar una breve introducción de la intención de servicio de vuestra exposición.
- Explicar el proceso que habéis seguido para tener estos resultados tan fantásticos.
- Contar cómo pueden canjear los puntos de los cuadros por los beneficios solidarios y ¡animar a que lo hagan!

¡No os olvidéis de agradecer la asistencia!

VALORO EL PROYECTO

Reflexionad sobre el trabajo que habéis hecho.

Cada componente del equipo, ha de completar una tabla como esta en su cuaderno contestando a las preguntas:

	Nada	Poco	Bastante	Mucho
¿Me ha gustado el proyecto?				
¿Lo he encontrado interesante?				
¿Qué sabía sobre arte?				
¿Me ha costado encontrar la información?				
¿Sabía cómo organizar todos los datos?				
¿He participado en las tareas de grupo?				
¿He ayudado a mis compañeros?				
¿Me han ayudado a mí?				
¿He aprendido cosas nuevas?				
¿Veo cómo las matemáticas y el arte contribuyen a una acción solidaria?				
¿La exposición va a servir para concienciar sobre los problemas sociales?				
¿Puedo utilizar lo que he aprendido para otros proyectos?				

— Después poned en común las respuestas con los miembros de vuestro grupo.

Para finalizar, reflexionad:

- ¿Qué parte del trabajo en equipo ha costado más llevar a cabo?
- ¿En qué situaciones en las que debíais poneros de acuerdo habéis tenido más dificultades para hacerlo?
- ¿Qué has aprendido con este proyecto?

Programación de saberes

PROGRAMACIÓN DE SABERES

1 ¿ Un ábaco sirve para sumar?

Números del 1000 al 9999. • Descomposición de números en unidades, decenas, centenas y unidades de millar. • Comparación y ordenación de números. • Utilización de los signos =, ≠, < y >.

2 ¿Los cuentos pueden enseñar matemáticas?

Resolución de problemas mediante sumas llevando. • Aplicación de la propiedad conmutativa de la suma. • Identificación del elemento neutro de la suma. • Identificación de la incógnita: ¿qué te piden?

3 ¿Puede haber matemáticas en una obra de arte?

Líneas rectas, curvas, abiertas y cerradas. • Recta, semirrecta y segmento. • Comparación y ordenación de segmentos. • Segmento suma y segmento diferencia.

4 ¿Qué pasa en el cielo durante los doce meses del año?

Unidades de tiempo: año, mes, semana y día. • El calendario. • Las partes del día: mañana, mediodía, tarde, anochecer y noche. • Recogida de datos. • El gráfico de barras: representación de datos. • Interpretación.

5 ¿Cómo se puede resolver el caso de la desaparición de las pegatinas?

La resta como operación inversa de la suma. • Números ordinales hasta el 20.º. • Resolución de problemas mediante restas llevando. • Identificación de los datos necesarios para resolver un problema.

6 ¿Por qué la multiplicación fue un gran hallazgo?

Elaboración de las tablas del 1, del 2 y del 5. • Cálculo del doble de un número. • Aplicación de la propiedad conmutativa de la multiplicación. • Identificación de números pares e impares.

7 ¿Cuál puede ser el elemento neutro de la multiplicación?

Multiplicación por 2 y por 5 sin llevar. • Identificación del elemento neutro de la multiplicación. • Resolución de problemas mediante la multiplicación.

8 ¿Qué reloj preferís, el analógico o el digital?

El reloj analógico: horas en punto y cuartos. • Equivalencias del reloj analógico con el reloj digital. • Búsqueda de la operación adecuada para resolver un problema y formulación de la solución.

9 ¿Cómo nos pueden ayudar las matemáticas a proteger el medio?

Elaboración de las tablas del 3, del 4 y del 6. • Cálculo del triple de un número. • Estimación de productos. • Resolución de problemas con más de una operación.

ENTRÉNATE

Modelo de prueba individual para entrenarse, repasar y consolidar las competencias básicas trabajadas.

11 ¿Qué aprendemos jugando con los tangrams?

Rectas paralelas, rectas secantes y rectas perpendiculares. • Ángulos: agudo, recto y obtuso. • Los pictogramas. • El eje de simetría.

12 ¿Cómo mediríais la circunferencia de la Tierra?

Las decenas de millar. • Descomposición de números en unidades, decenas, centenas, unidades de millar y decenas de millar. • Multiplicación llevando de decenas y centenas por unidades.

13 ¿Podrías hacer la compra?

Uso del sistema monetario del euro: comprar, vender y devolver cambio (simular una tienda). • Equivalencias entre monedas y billetes. • Redondeo de cantidades. • Identificación de hechos seguros, posibles e imposibles.

14 ¿Cómo se lee un plano?

Elaboración de las tablas del 7 y del 8. • La lógica del resultado de un problema. • Ejes de coordenadas. • Pares ordenados y localización de puntos. • Recorridos sobre una cuadrícula.

15 ¿Cuánta agua podemos ahorrar?

Clasificación de polígonos según diferentes criterios (lados, ángulos o vértices). • La tabla de doble entrada. • Ordenación de números. • Situación de números en la recta numérica.

16 ¿Cómo podemos calcular la distancia de la Tierra a la Luna?

Elaboración de las tablas del 9 y del 10. • Multiplicación de números de una y dos cifras. • Multiplicación por la unidad seguida de ceros. • Valor relativo de las cifras de un número según la posición.

17 ¿Cuántos rayos caen en tu comunidad?

Las centenas de millar. • Descomposición de números en unidades, decenas, centenas, unidades de millar, decenas de millar y centenas de millar. • Descomposición en forma de suma (aditiva).

18 ¿Las cumbres más altas del sistema solar están en la Tierra?

Unidades de longitud: el kilómetro, el metro, el centímetro y el milímetro. • Instrumentos convencionales de medida: cinta métrica y regla graduada. • Equivalencias entre unidades. • Cálculo mental.

19 ¿Cuántas personas viven en su comunidad?

Multiplicación por tres cifras. • Compleción de datos de un enunciado a partir de un conjunto de datos dados. • Reflexión sobre la manera en la que se resuelve un problema.

ENTRÉNATE

Modelo de prueba individual para entrenarse, repasar y consolidar las competencias básicas trabajadas.

21 ¿Qué acuerdos podemos tomar para mejorar la convivencia?

La división y sus términos. • División por una cifra exacta. • La división entera. • La división como operación inversa de la multiplicación.

22 ¿Cómo hacemos matemáticas en el huerto del colegio?

Elaboración de la pregunta que completa el enunciado de un problema a partir de la observación de su resolución. • Resolución de problemas mediante la división.

23 ¿Cuántas formas diferentes puede tener el chocolate?

Reconocimiento de cuerpos geométricos con volumen: prismas, pirámides, cilindros, conos y esferas. • Identificación de cuerpos geométricos en la vida cotidiana.

24 ¿Qué tiene que ver la cocina con las fracciones?

Reconocimiento de la fracción como parte de una unidad. • Numerador y denominador. • Comparación, ordenación y representación gráfica de fracciones.

25 ¿Cómo saber el peso sin pesar?

Uso de la balanza y unidades de masa. • Equivalencias entre el kilogramo y sus fracciones. • Selección de la unidad de masa más adecuada. • Estimación y comparación de pesos.

26 ¿Cómo se organiza un correfuegos?

División con dividendo de más de una cifra. • Prueba de la división. • Uso de la calculadora. • Unidades de capacidad: el litro y sus fracciones. • Equivalencias entre el litro y sus fracciones.

27 ¿Qué actividades matemáticas realizan en la residencia de ancianos?

Operaciones combinadas. • Uso del paréntesis. • Localización de errores en problemas resueltos incorrectamente. • Estimación de resultados en todas las operaciones.

28 ¿Cómo conocemos la historia a través de las excavaciones arqueológicas?

Desplazamientos de figuras planas sobre una cuadrícula. • Identificación de las diferentes vistas parciales o totales de una figura o de un objeto.

29 ¿Es posible un mundo sin matemáticas?

Las matemáticas en todas partes: los números y las operaciones en la vida cotidiana, las unidades de medida, las figuras geométricas, la probabilidad y el azar.

ENTRÉNATE

Modelo de prueba individual para entrenarse, repasar y consolidar las competencias básicas trabajadas.